U0743481

电网企业员工安全等级培训系列教材

信息运维检修

国网浙江省电力有限公司培训中心　组编

中国电力出版社
CHINA ELECTRIC POWER PRESS

内 容 提 要

本书是"电网企业员工安全等级培训系列教材"中的《信息运维检修》分册，全书共七章，包括基本安全要求、保证安全的组织措施和技术措施、作业项目安全风险管控、隐患排查治理、生产现场的安全设施、典型违章举例与事故案例分析、班组安全管理等内容。

本书是电网企业员工安全等级培训信息运维检修专业的专用教材，可作为信息运维检修岗位人员安全培训的辅助教材，宜采用《公共安全知识》分册加本专业分册配套使用的形式开展学习培训。

本书可供从事信息运维检修工作的专业技术人员和新员工安全等级培训使用。

图书在版编目（CIP）数据

信息运维检修 / 国网浙江省电力有限公司培训中心组编. -- 北京 : 中国电力出版社, 2025. 7. -- (电网企业员工安全等级培训系列教材). -- ISBN 978-7-5239-0143-4

Ⅰ. TM73

中国国家版本馆 CIP 数据核字第 2025SF1536 号

出版发行：中国电力出版社
地　　址：北京市东城区北京站西街 19 号（邮政编码 100005）
网　　址：http://www.cepp.sgcc.com.cn
责任编辑：王蔓莉（010-63412791）
责任校对：黄　蓓　王小鹏
装帧设计：赵姗姗
责任印制：石　雷

印　　刷：廊坊市文峰档案印务有限公司
版　　次：2025 年 7 月第一版
印　　次：2025 年 7 月北京第一次印刷
开　　本：710 毫米×1000 毫米　16 开本
印　　张：6
字　　数：96 千字
定　　价：40.00 元

编写委员会

主　任　王凯军

副主任　张彩友　王　权　任志强　李付林　顾天雄
　　　　姚　晖

成　员　黄　苏　倪相生　黄文涛　王建莉　高　祺
　　　　黄弘扬　杨　扬　何成彬　于　军　张　劢
　　　　黄荣正　郑泽涵　邓益民　赵志勇　黄晓波
　　　　黄晓明　金国亮　莫加杰　汪　滔　魏伟明
　　　　张东波　吴宏坚　吴　忠　范晓东　贺伟军
　　　　周建平　岑建明　汤亿则　林立波　李汉勇
　　　　张国英

本册编写人员

洪根轩　徐亦白　季　超　孙嘉赛　陈　珊　何　乐
张鹏杰　倪相生　翟瑞劼　叶　碧　张泓玄

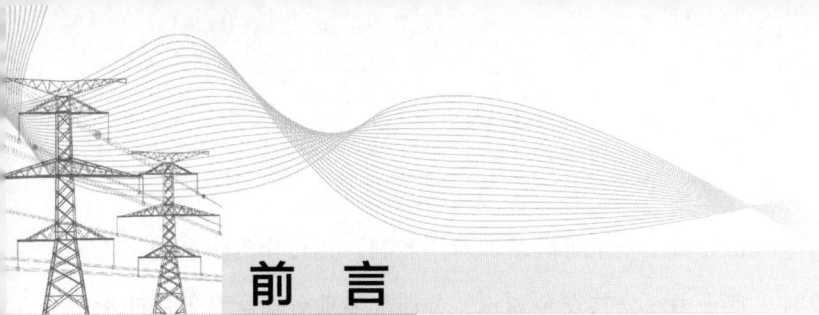

前　言

为贯彻落实国家安全生产法律法规（特别是新《安全生产法》）和国家电网有限公司关于安全生产的有关规定，适应安全教育培训工作的新形势和新要求，进一步提高电网企业生产岗位人员的安全技术水平，推进生产岗位人员安全等级培训和认证工作，国网浙江省电力有限公司在 2016 年出版的"电网企业员工安全技术等级培训系列教材"的基础上组织修编，形成"电网企业员工安全等级培训系列教材"。

2025 年，为深入贯彻落实"安全第一、预防为主、综合治理"方针，实现新业务新业态安全的"可控、能控、在控"，提高对新业务安全风险的识别和预警防范能力，夯实企业安全生产管理基础，达到控制安全隐患、降低安全风险，预防、避免事故发生的目的。国网浙江省电力有限公司特组织增编有关新业务的专业分册。

"电网企业员工安全等级培训系列教材"现包括《公共安全知识》分册和《变电检修》《电气试验》《变电运维》《输电线路》《输电线路带电作业》《继电保护》《电网调控》《自动化》《电力通信》《配电运检》《电力电缆》《配电带电作业》《电力营销》《变电一次安装》《变电二次安装》《线路架设》《电力检测》《新能源业务》《信息运维检修》等专业分册。《公共安全知识》分册内容包括安全生产法律法规知识、安全生产管理知识、现场作业安全、作业工器（机）具知识、通用安全知识五个部分；各专业分册包括相应专业的基本安全要求、保证安全的组织措施和技术措施、作业项目安全风险管控、隐患排查治理、生产现场的安全设施、典型违章举例与事故案例分析、班组安全管理七个部分。

本系列教材为电网企业员工安全等级培训专用教材，也可作为生产岗位人员安全培训辅助教材，宜采用《公共安全知识》分册加专业分册配套使用的形式开展学习培训。

鉴于编者水平所限，不足之处在所难免，敬请读者批评指正。

编　者

2025 年 5 月

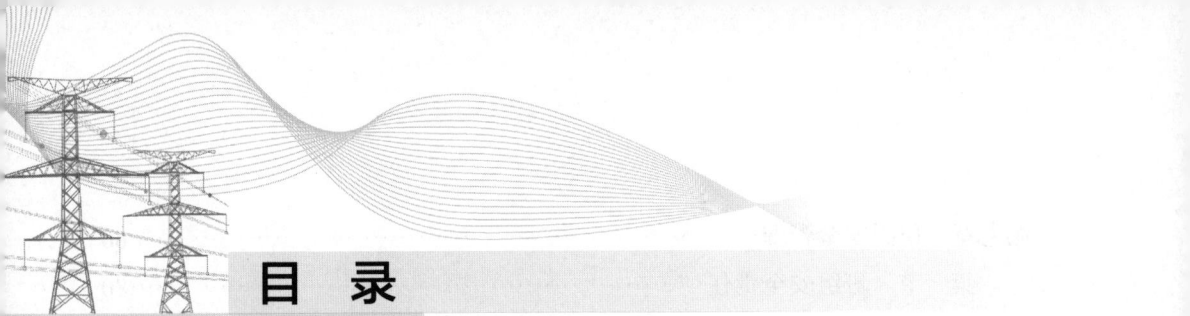

目 录

前言

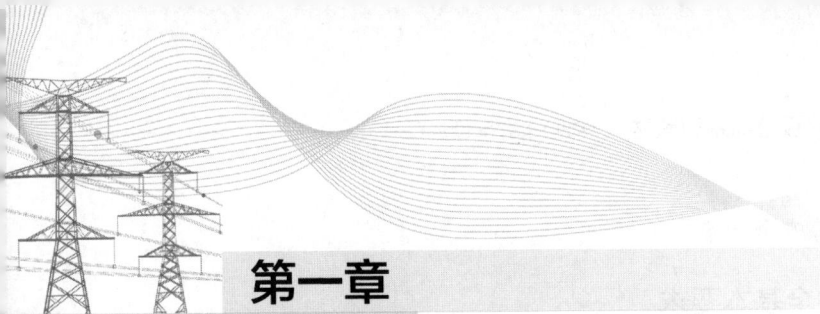

第一章

基本安全要求

第一节 一般安全要求

一、作业现场基本要求

（1）作业现场的生产条件和安全设施等应符合有关标准、规范的要求，工作人员的劳动防护用品应合格、齐备。

（2）经常有人工作的场所宜配备急救箱，存放急救用品，并应指定专人经常检查、补充或更换。

（3）现场使用的安全工器具应合格并符合有关要求。

（4）各类作业人员应被告知其作业现场和工作岗位存在的危险因素、防范措施及事故紧急处理措施。

二、作业人员的基本条件

（1）经医师鉴定，无妨碍工作的病症（体格检查每两年至少一次）。

（2）具备必要的数字化知识和业务技能，且按工作性质，熟悉《国家电网公司电力安全工作规程（信息部分）》（国家电网安质〔2018〕396号）简称《信息安规》，并经考试合格。

（3）具备必要的安全生产知识，学会紧急救护法，特别是要学会触电急救。

三、生产场所安全基本条件

（1）信息系统远程检修应使用运维专机，并使用加密或专用的传输协议。检修宜通过具备运维审计功能的设备开展。

（2）在精密空调、电源等基础设施上工作时，应视工作具体情况采取停电、验电、挂接地线等安全措施。

四、网络安全基本要求

（1）设备、业务系统接入公司网络应经信息运维单位（部门）批准，并严格遵守公司网络准入要求。

（2）提供网络服务或扩大网络边界应经信息运维单位（部门）批准。

（3）禁止从任何公共网络直接接入管理信息内网。系统维护工作不得通过互联网等公共网络实施。

（4）管理信息大区业务系统使用无线网络传输业务信息时，应具备接入认证、加密等安全机制；接入信息内网时，应使用公司认可的接入认证、隔离、加密等安全措施。

（5）影响其他设备正常运行的故障设备应及时脱网（隔离）。

五、检修作业基本要求

（1）禁止泄露、篡改、恶意损毁用户信息。

（2）信息设备变更用途或下线，应擦除或销毁其中数据。

（3）信息系统的过期账号及其权限应及时注销或调整。

（4）检修工作完成后应收回临时授权。

第二节　信息巡视作业的安全要求

一、信息系统巡视

（1）巡视时不得改变信息系统的运行状态。

（2）巡视时发现异常问题，应及时报告信息运维单位（部门）；非紧急情况的处理，应获得信息运维单位（部门）批准。

（3）巡视时不得更改、清除信息系统告警信息。

二、信息机房巡视

（1）机房巡视分为定期巡视和特殊巡视，由机房现场运维人员负责巡视工作。巡视人员将巡视时间、巡视内容及发现的问题及时记入机房运行记录。

1）定期巡视：巡视人员定期巡视检查机房信息设备的运行并做好巡视记录，发现异常情况及时报告。

a. 机房设备：检查机房设备指示灯、风扇是否正常；检查设备、线路标识是否清晰；检查线缆有无松动；检查有无灰尘、杂物等。

b. 空调设备：检查冷水机组、板式换热器、蓄冷罐、冷却塔等配套设施有无异常；检查机房空调液晶板及状态指示灯有无异常；检查制冷效果是否正常；检查空气网格有无灰尘、杂物；检查空调排水系统是否正常、有无渗漏等。

c. 电源设备：检查 10kV 高低压设备、不间断电源设备（Uninterruptible Power System，UPS）、蓄电池等有无异常；检查自动化保护监控设备有无异常。

d. 机房每日应当进行 6 次巡视，每两次巡视间隔 4h。

2）特殊巡视：遇到恶劣天气、设备异常或运行中有可疑现象及重大事件时，应安排巡视人员进行巡视，适当增加巡视频度。

（2）巡视时不得改变机房动力环境设备的运行状态。

（3）巡视时发现异常问题，应及时报告信息运维单位（部门）；非紧急情况的处理，应获得信息运维单位（部门）批准。

（4）巡视时不得更改、清除机房动力环境告警信息。

第三节　信息检修作业的安全要求

一、网络设备检修

（1）网络设备及安全设备检修前，应备份可能受影响的业务数据、配置文件、日志文件等。

（2）更换网络设备或安全设备的热插拔部件、内部板卡等配件时，应做好防静电措施。

（3）网络设备或安全设备检修工作结束前，应验证设备及所承载的业务运行正常，配置策略符合要求。

（4）网络设备及安全设备远程运维应使用安全外壳协议（Secure Shell，SSH）或其他加密远程访问协议。

（5）在网络设备及安全设备上下架，或者更换板卡等物理操作前，应做好防坠落安全措施。

二、主机与存储设备检修

（1）在服务器等设备上下架工作时，应在工作地点挂标志牌或装设临时遮栏。

（2）在服务器上下架、存储电池更换等物理操作前需做好防坠落安全措施。

（3）在存储设备上回收存储空间须确认所存放业务数据已清理。

（4）涉及配置变更、数据删除等关键操作需要对操作命令进行复核。

（5）更换主机设备或存储设备的热插拔部件时，应做好防静电措施。

（6）主机设备在正式投运前应做好安全加固。

（7）需停电更换主机设备或存储设备的内部板卡等配件的工作，应断开外部电源连接线，并做好防静电措施。

（8）主机设备或存储设备检修工作结束前，应验证所承载的业务运行正常。

三、数据库检修

（1）数据库投运前，数据库表空间和磁盘空间应设置好告警阈值，访问数据库的 IP 地址应按需配置。

（2）在数据库操作前，应备份可能受影响的业务数据、控制文件、参数文件、日志文件等。

（3）涉及系统数据字典变更的检修操作，需要走数据字典变更流程。

（4）进行数据库操作时，禁止使用可能导致数据库宕机的工具。

（5）数据库密码不得以明文形式存在于系统配置文件、程序源码等文件中。

（6）数据库中不同的业务系统数据应通过设置单独的表空间、数据文件、用户和权限等手段进行隔离。

（7）数据库检修工作结束前，应验证相关的业务系统运行正常。

四、业务系统与中间件检修

（1）业务系统版本升级后，应验证业务系统各功能点、系统运行及外围系统连接是否正常，并在备份后在本机上清除旧版本的安装文件。

（2）业务系统进行配置变更时，应先对原有配置信息进行备份，后进行配置变更。

（3）业务系统下线后，所有业务数据应根据业务主管部门已签审的意见进行移交或销毁。

（4）中间件检修工作开始前，应确认其承载的业务可停用。

（5）中间件检修工作结束前，应验证所承载的业务系统运行正常。

五、数据操作

业务数据的导入/导出应经过业务主管部门（业务归口管理部门）批准，导出后的数据应妥善保管。

第四节　信息系统上下线的安全要求

一、新建系统上线

（1）新建系统上线和试运行验收过程主要包括上线试运行申请及红线指标验证、上线试运行验收申请及蓝线指标验证。

（2）各运行维护单位（部门）应在信息系统建设期内，参与其可研评审与概设评审，负责审核信息系统非功能性需求。

（3）各运行维护单位（部门）要在系统上线过程中建立一口对外窗口，统一对接内外部责任机构，做好各项工作的沟通、协调与处置，充分发挥一口对外窗口作用。

（4）承建单位完成新建系统部署实施后即可填写上线试运行申请单，移交相关上线文档；运行维护单位（部门）开展红线指标验证。

（5）新建系统在上线试运行期间，运行维护单位（部门）要明确运行维护责任，形成责任备案表，承担基础设施、软硬件平台的安全运行责任；建设单位（部门）承担信息系统的安全运行责任。

（6）新建系统在 3 个月试运行期内稳定运行，未发生停运及较大变更，承建单位即可填写上线试运行验收申请单，运行维护单位（部门）开展蓝线指标验证，评分达到 80 分即可完成上线试运行验收。

（7）上线试运行验收通过后，新建系统即进入正式运行状态，运行维护单位（部门）承担信息系统的安全运行责任。

（8）信息系统上线前，应删除临时账号、临时数据，并修改系统账号默认口令。

二、大版本变更

（1）大版本变更的上线和试运行验收过程主要包括上线试运行申请及红线指标验证、上线试运行验收申请及蓝线指标验证等。

（2）承建单位完成大版本变更升级实施后，即可填写上线试运行申请单，移交相关上线文档；运行维护单位（部门）开展红线指标验证，全部满足即可上线试运行。

（3）大版本变更信息系统如涉及双轨运行，承建单位应综合考虑资源复用，制订同一系统老旧版本的下线或腾退计划，在上线时一并填写老旧版本信息系统下线（腾退）计划表。

（4）大版本变更信息系统在上线试运行期间，运行维护单位（部门）承担基础设施、软硬件平台的安全运行责任；建设单位（部门）承担信息系统的安全运行责任。

（5）大版本变更系统如未涉及运维责任变化，可沿用原有信息系统运维责任备案表，不再重新签订。

（6）大版本变更信息系统在 3 个月试运行期内稳定运行，未发生系统停运等运行事件，承建单位即可填写上线试运行验收申请单，运行维护单位（部门）开展蓝线指标验证，评分达到 80 分即可完成上线试运行验收，系统进入正式运行状态，运行维护单位（部门）承担信息系统的安全运行责任。

三、小版本迭代

（1）小版本迭代上线和试运行验收过程主要包括上线试运行申请及红线指标验证、上线试运行验收申请及蓝线指标验证。

（2）承建单位可按照其可研和设计要求，向运行维护单位（部门）申报检修，通过检修的方式即可在生产环境中完成程序部署或功能发布，对外快速提供服务。

（3）承建单位仅需在每次迭代前提供版本变更说明和内测报告，运行维护单位（部门）负责统一确认和备案。

（4）小版本迭代在执行检修操作时，须严格落实公司检修管理办法等相关规定；内测报告应按第三方测试机构安全渗透测试标准编制，涵盖功能和非功能测试、安全测试与渗透测试。

（5）当小版本迭代信息系统可研和设计的功能满足要求（大于 60%）且核心功能经业务部门确认后，承建单位即可填写上线试运行申请单，移交相关上线文档；运行维护单位（部门）开展红线指标验证，全部满足即可上线试运行。

（6）上线试运行期间，运行维护单位（部门）要明确小版本迭代信息系统的运行维护责任，形成责任备案表，承担基础设施、软硬件平台的安全运行责任；建设单位（部门）承担信息系统的安全运行责任。

（7）小版本迭代信息系统在 3 个月试运行期内稳定运行，未发生系统停运等运行事件，承建单位即可填写上线试运行验收申请单，运行维护单位（部门）开展蓝线指标验证，评分达到 80 分即可完成上线试运行验收，系统进入正式运行状态，运行维护单位（部门）承担信息系统的安全运行责任。

四、App 上线

（1）App 上线和验收过程主要包括上线试运行申请、上线试运行验收申请及蓝线指标验证。

（2）针对以公司移动门户（如 i 国网、网上国网等提供统一登录和框架支持的应用程序）为统一入口的移动微应用，承建单位仅通过第三方渗透测试即可开展部署实施；独立部署 App（必须经过互联网职能管理部门同意建设）、移动门户，须通过全部第三方测试，方可部署实施。

（3）App 部署完成后，承建单位即可填写 App 上线试运行申请单，运行维护单位（部门）负责开展一次安全渗透测试，即可上线试运行，不再进行红线指标验证。

（4）App 审批上线完成后，须同步向国网信息调度备案。

（5）App 上线试运行期间，运行维护单位（部门）要明确运行维护责任，形成责任备案表，承担 App 运行环境的基础设施、软硬件平台的安全运行责任；建设单位（部门）承担 App 的安全运行责任。

（6）App 在三个月试运行期内稳定运行，未出现停运及重大变更等，承建单位即可填写上线试运行验收申请单，运行维护单位（部门）开展蓝线指标验证，评分达到 80 分即可完成上线试运行验收，系统进入正式运行状态，运行维护单位（部门）承担 App 的安全运行责任。

五、系统下线

（1）信息系统下线前，业务主管部门或运行维护单位（部门）提出下线申请，运行维护单位（部门）负责对系统下线进行风险评估并开展具体实施，下线完成后报国网信息调度备案。

（2）运行维护单位（部门）根据业务主管部门要求对应用程序和数据进行备份、迁移或擦除、销毁。

（3）信息系统下线时应同步完成设备台账状态变更、业务监控接口与系统集成接口停运、账号权限和 IP 地址等资源回收，以及系统相关文档材料的归档备查工作。

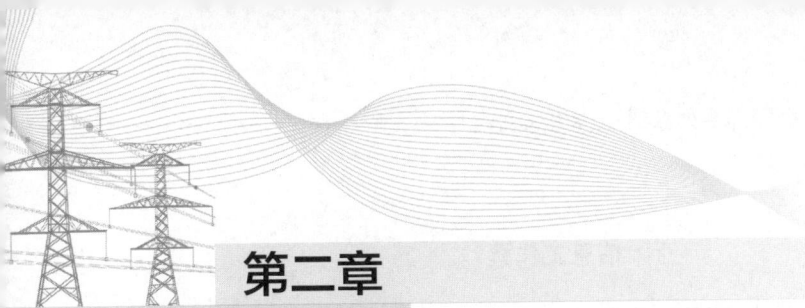

第二章

保证安全的组织措施和技术措施

第一节　保证安全的组织措施

在信息系统上工作，保证安全的组织措施一般包括工作票制度、工作许可制度、工作终结制度。

一、工作票制度

（一）在信息系统上工作

（1）填用信息工作票（格式如图2-1所示）。

（2）填用信息工作任务单（格式如图2-2所示）。

（3）使用其他书面记录或按口头、电话命令执行。

（二）应填用信息工作票的工作

（1）业务系统的上下线工作。

（2）一、二类业务系统的版本升级、漏洞修复、数据操作等检修工作。

（3）承载一、二类业务系统的主机设备、数据库、中间件、存储设备、网络设备及相应安全设备的投运、检修工作。

（4）地市供电公司级以上单位信息网络的核心层网络设备、上联网络设备和安全设备的投运、检修工作。

（5）地市供电公司级以上单位信息机房不间断电源的检修工作。

（三）应填用信息工作任务单或信息工作票的工作

（1）三类业务系统的版本升级、漏洞修复、数据操作等检修工作。

（2）地市供电公司级以上单位信息网络的汇聚层网络设备的投运、检修工作。

（3）县供电公司级单位核心层网络设备、上联网络设备和安全设备的投运、检修工作。

信息工作票

单位: _____ 编号: _____

1. 班组名称: _____ 工作负责人: _____

2. 工作班成员 (不包括工作负责人): _____

_____ 共___人。

3. 工作场所名称: _____

4. 工作任务:

工作地点及设备名称	工作内容

5. 计划工作时间: 自___年___月___日___时___分至___年___月___日___时___分。

6. 安全措施 (应备份的配置文件、业务数据、运行参数和日志文件,应验证的内容等) (必要时可附页绘图说明):

_____

_____

_____

工作票签发人签名: _____ _____年___月___日___时___分

工作负责人签名: _____ _____年___月___日___时___分

7. 工作许可:

许可开始工作时间: _____年___月___日___时___分

工作负责人签名: _____ 工作许可人签名: _____

8. 现场交底,工作班成员确认工作负责人布置的工作任务、人员分工、安全措施和注意事项并签名:

_____

_____

9. 工作票延期:

工作延期至				工作负责人	工作许可人
年 月 日 时 分					
年 月 日 时 分					

10. 工作终结:

全部工作已结束,工作班人员已全部撤离工作地点,工作过程中产生的临时数据、临时账号等内容已删除,信息系统运行正常,现场已清扫、整理。

工作终结时间: _____年___月___日___时___分

工作负责人签名: _____ 工作许可人签名: _____

11. 备注:

_____

_____

图 2-1 信息工作票

信息工作任务单

单位：_____　　　　编号：_____

1. 班组名称：_____　　工作负责人：_____

2. 工作班成员（不包括工作负责人）：_____

_____共____人。

3. 工作场所名称：_____

4. 工作任务：

工作地点及设备名称	工作内容

5. 计划工作时间：自____年____月____日____时____分至____年____月____日____时____分

6. 安全措施（应备份的配置文件、业务数据、运行参数和日志文件，应验证的内容等）（必要时可附页绘图说明）：

_____

_____

_____

工作票签发人签名：_____　　_____年____月____日____时____分

工作负责人签名：_____　　_____年____月____日____时____分

7. 现场交底，工作班成员确认工作负责人布置的工作任务、人员分工、安全措施和注意事项并签名：

_____

_____

8. 工作开始时间：_____年____月____日____时____分

工作负责人签名：_____

9. 工作任务单延期：

工作延期至				工作负责人	工作许可人
年	月	日	时　　分		
年	月	日	时　　分		

10.

全部工作已结束，工作班人员已全部撤离工作地点，工作过程中产生的临时数据、临时账号等内容已删除，信息系统运行正常，现场已清扫、整理。工作负责人向工作票签发人电话报告工作已结束。

工作终结时间：_____年____月____日____时____分

工作负责人签名：_____

11. 备注：

_____

_____

图 2-2　信息工作任务单

（4）县供电公司级信息机房不间断电源的检修工作。

（5）除"应填用信息工作票的工作"的第（3）款规定之外的主机设备、数据库、中间件、存储设备、非接入层网络设备及安全设备的投运、检修工作。

（四）使用其他书面记录或按口头、电话命令执行

书面记录指工单、工作记录、巡视记录等；按口头、电话命令执行的工作应留有录音或书面派工记录。

（五）工作票的填写与签发

（1）工作票由工作负责人填写，也可由工作票签发人填写。

（2）工作票应使用统一的票面格式，采用计算机生成、打印或手工方式填写，至少一式两份。采用手工填写时，应使用黑色或蓝色的钢（水）笔或圆珠笔填写与签发。工作票编号应连续。

（3）工作票由工作票签发人审核、签名后方可执行。

（4）信息工作票一份由工作负责人收执，另一份由工作许可人收执。信息工作任务单一份由工作负责人收执，另一份由工作票签发人收执。

一张信息工作票中，工作许可人与工作负责人不得互相兼任。一张信息工作任务单中，工作票签发人与工作负责人不得互相兼任。

工作票由信息运维单位（部门）签发，也可由经信息运维单位（部门）审核批准的检修单位签发。

（六）工作票的使用

（1）一个工作负责人不能同时执行多张信息工作票（工作任务单）。

（2）需要变更工作班成员时，应经工作负责人同意并记录在工作票备注栏中。新的作业人员经过安全交底、签名确认后方可参与工作。工作负责人一般不得变更，如确需变更的，应由原工作票签发人同意并通知工作许可人，工作负责人变更情况应记录在工作票备注栏中。原工作负责人、现工作负责人应对工作任务和安全措施进行交接。

（3）在原工作票的安全措施范围内增加工作任务时，应由工作负责人征得工作票签发人和工作许可人同意，并在工作票上增填工作项目。若需变更或增设安全措施者，应办理新的工作票。

（4）工作票有污损不能继续使用时，应办理新的工作票。

（5）信息系统故障紧急抢修时，工作票可不经工作票签发人书面签发，但应经工作票签发人同意，并在工作票备注栏中注明。

（6）已执行的信息工作票、信息工作任务单至少应保存1年。

（七）工作票的有效期与延期

（1）电力通信工作票的有效期，以批准的检修时间为限。

（2）办理信息工作票延期手续，应在信息工作票的有效期内，由工作负责人向工作许可人提出申请，得到同意后给予办理。办理信息工作任务单延期手续，应在信息工作任务单的有效期内，由工作负责人向工作票签发人提出申请，得到同意后给予办理。

（八）工作票所列人员的基本条件

（1）工作票签发人。工作票签发人应由熟悉作业人员技术水平、熟悉相关信息系统情况、熟悉《信息安规》，并具有相关工作经验的领导人、技术人员或经信息运维单位批准的人员担任，名单应公布。检修单位的工作票签发人名单应事先送相关信息运维单位备案。

（2）工作负责人。工作负责人应由有本专业工作经验、熟悉工作范围内信息系统情况、熟悉《信息安规》、熟悉工作班成员工作能力，并经信息运维部门批准的人员担任，名单应公布。检修单位的工作负责人名单应事先送相关信息运维部门备案。

（3）工作许可人。工作许可人应由有一定工作经验、熟悉工作范围内信息系统情况、熟悉《信息安规》，并经信息运维部门批准的人员担任，名单应公布。

（九）工作票所列人员的安全责任

1. 工作票签发人

（1）确认工作必要性和安全性。

（2）确认工作票上所填安全措施是否正确完备。

（3）确认所派工作负责人和工作班人员是否适当、充足。

2. 工作负责人

（1）正确组织工作。

（2）检查工作票所列安全措施是否正确完备，是否符合现场实际条件，必要时予以补充完善。

（3）工作前，对工作班成员进行工作任务、安全措施和风险点告知，并确认每个工作班成员都已清楚并签名。

（4）组织执行工作票所列由其负责的安全措施。

（5）监督工作班成员遵守《信息安规》，正确使用工器具、调试计算机（或其他专用设备）、外接存储设备及软件工具等。

（6）关注工作班成员身体状况和精神状态是否正常，人员变动是否合适。

（7）确定需监护的作业内容，并监护工作班成员认真执行。

3．工作许可人

（1）确认工作具备条件，工作不具备条件时应退回工作票。

（2）确认工作票所列的安全措施已实施。

4．工作班成员

（1）熟悉工作内容、工作流程，清楚工作中的风险点和安全措施，并在工作票上签名确认。

（2）服从工作负责人的指挥，严格遵守《信息安规》和劳动纪律，在确定的作业范围内工作，对自己在工作中的行为负责，互相关心工作安全。

（3）正确使用工器具、调试计算机（或其他专用设备）、外接存储设备及软件工具等。

二、工作许可制度

（1）工作许可人应在确认工作票所列的安全措施完成后，方可发出许可工作的命令。

（2）工作许可人在向工作负责人发出许可工作的命令前，应记录工作班名称、工作负责人姓名、工作地点和工作任务。

（3）检修工作需其他调度机构配合布置安全措施时，应由工作许可人向相应调度机构履行申请手续，并确认相关安全措施已完成后，方可办理工作许可手续。

（4）许可开始工作的命令应通知到工作负责人。可采用的通知方法如下：

1）当面许可。工作许可人和工作负责人应在信息工作票上记录许可时间，并分别签名。

2）电话许可。工作许可人和工作负责人应分别记录许可时间和双方姓名，并复诵核对无误。

（5）使用信息工作任务单的工作，可不办理工作许可手续。

（6）填用信息工作票的工作，工作负责人应得到工作许可人的许可，并确认工作票所列的安全措施全部完成后，方可开始工作。

（7）禁止约时开始或终结工作。

三、工作终结制度

（1）工作结束。全部工作完毕后，工作人员应删除工作过程中产生的临时数据、临时账号等内容，确认信息系统运行正常，清扫、整理现场，全体工作人员撤离工作地点。

（2）使用信息工作票的工作，工作负责人应向工作许可人交代工作内容、发现的问题、验证结果和存在问题等，并会同工作许可人进行运行方式检查、状态确认和功能检查，确认无遗留物件后方可办理工作终结手续。

（3）工作终结报告可采用当面报告或电话报告的方式。

1）当面报告：工作许可人和工作负责人应在信息工作票上记录终结时间，并分别签名。

2）电话报告：工作许可人和工作负责人应分别在信息工作票上记录终结时间和双方姓名，并复诵无误。

第二节　保证安全的技术措施

在信息系统上工作，保证安全的技术措施包括授权、备份、验证。

一、授权

（1）工作前，作业人员应进行身份鉴别和授权。

（2）授权应基于权限最小化和权限分离的原则。

二、备份

信息系统检修工作开始前，应备份可能受到影响的配置文件、业务数据、运行参数和日志文件等。

（1）网络设备或安全设备检修前，应备份配置文件。

（2）主机设备或存储设备检修前，应根据需要备份运行参数。

（3）数据库检修前，应备份可能受影响的业务数据、配置文件、日志文件等。

（4）中间件检修前，应备份配置文件。

三、验证

（1）检修前，应检查检修对象及受影响对象的运行状态，并核对运行方式与检修方案是否一致。

（2）检修前，在冗余系统（双/多机、双/多节点、双/多通道或双/多电源）中将检修设备切换成检修状态时，应确认其余主机、节点、通道或电源正常运行。

（3）检修工作如需关闭网络设备、安全设备，应确认所承载的业务可停用或已转移。

（4）检修工作如需关闭主机设备、存储设备，应确认所承载的数据库、中间件、业务系统可停运或已转移。

（5）检修工作如需停运数据库、中间件，应确认所承载的业务可停用或已转移。

（6）升级操作系统、数据库或中间件版本前，应确认其兼容性及对业务系统的影响。

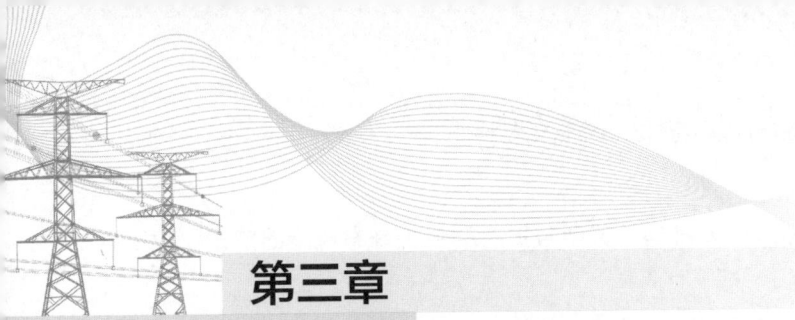

第三章

作业项目安全风险管控

第一节 概 述

为贯彻"安全第一、预防为主、综合治理"方针，推进电网企业安全风险管理工作，规范作业项目安全风险的辨识、评估和控制方法，本节依据《国家电网有限公司作业风险管控工作规定》（国家电网企管〔2023〕55 号）和《国家电网有限公司安全生产风险管控管理办法》[国网（安监/3）1107－2022]，阐述作业项目安全风险控制的职责与分工，计划管理、风险识别、评估定级等环节的方法与要求，以对作业项目安全风险实施超前分析和流程化控制，形成"流程规范、措施明确、责任落实、可控在控"的安全风险管控机制。

一、风险管控流程

作业项目安全风险管控流程包括风险辨识、风险评估、风险预警、风险控制、检查与改进等环节。

（一）风险辨识

风险辨识是指辨识风险的存在并确定其特性的过程。风险辨识包括静态风险辨识、动态风险辨识和作业项目风险辨识。

1. 静态风险辨识

静态风险辨识是依据国家电网有限公司发布的《国家电网公司供电企业安全风险评估规范》（国家电网安监〔2008〕917 号）（简称《评估规范》）等事先拟好的检查清单对现场风险因素进行辨识并制定风险控制措施，为风险评估、风险控制提供基础数据。主要开展三个方面的工作：设备、环境的风险辨识，人员素质及管理的风险辨识，风险数据库的建立与应用。

（1）设备、环境的风险辨识：依据《评估规范》第 1、2 章，有计划、有目的地开展设备、环境、工器具、劳动防护及物料等静态风险的辨识，找出存在的危险因素。

（2）人员素质及管理的风险辨识：依据《评估规范》第 3、5 章，可进行自查，也可由专家组或专业第三方机构对人员素质和安全生产综合管理开展周期性的辨识，查找影响安全的危险因素。

（3）风险数据库的建立与应用：采用信息化手段，建立风险数据库，对风险辨识结果实行动态维护，保证数据真实、完整，便于实际应用。

2. 动态风险辨识

动态风险辨识是对照作业安全风险辨识范本对作业过程中的风险因素进行辨识，并制定风险控制措施。

3. 作业项目风险辨识

作业项目风险辨识范本参照国家电网有限公司发布的《供电企业作业风险辨识防范手册》（国家电网安监〔2008〕917 号）编制，是以标准化作业流程为依据，指导作业人员辨识作业过程中的风险，并明确其典型控制措施的参考规范。

作业项目风险辨识一般采用三维辨识法对整个项目所包含的风险因素进行辨识，并制定风险控制措施。三维辨识法是指对照作业安全风险辨识范本辨识作业过程中的动态风险、查看作业安全风险库辨识作业过程中的静态风险、现场勘察确认的一种风险辨识方法。

作业安全风险库由作业安全风险事件组成，风险事件由对现场各类风险进行辨识、评估所得。

（二）风险评估

风险评估是指对事故发生的可能性和后果进行分析与评估，并给出风险等级的过程。

静态风险评估一般采用 LEC 法，动态风险评估一般采用 PR 法。风险等级分为一般、较大、重大三级。

作业项目风险评估依据企业制定的作业项目风险评估标准进行评估，风险等级一般分为 1~8 级。

1. LEC 法

LEC 法是根据风险发生的可能性、暴露在生产环境下的频度、导致后果的严重性，针对静态风险所采取的一种风险评估方法，即 $D=LEC$，式中 D 为风险值。

L 为发生事故的可能性大小。当用概率来表示事故发生的可能性大小时，绝对不可能发生的事故概率为 0；而必然发生的事故概率为 1。然而，从系统安全角度考察，绝对不发生事故是不可能的，所以人为地将发生事故的可能性极小的分数定为 0.1，而必然发生的事故分数定为 10，各种情况的分数值见表 3-1。

表 3-1　　　　　　　事故发生的可能性（L）

事故发生的可能性（发生的概率）	分数值
完全可能预料（100%可能）	10
相当可能（50%可能）	6
可能，但不经常（25%可能）	3
可能性小，完全意外（10%可能）	1
很不可能，可以设想（1%可能）	0.5
极不可能（小于1%可能）	0.1

E 为暴露于危险环境的频繁程度。人员出现在危险环境中的时间越多，则危险性越大。将连续出现在危险环境中的情况定为 10，非常罕见地出现在危险环境中定为 0.5，对两者之间的各种情况规定若干个中间值，见表 3-2。

表 3-2　　　　　　　暴露于危险环境频度（E）

暴露频度	分数值
持续（每天多次）	10
频繁（每天一次）	6
有时（每天一次～每月一次）	3
较少（每月一次～每年一次）	2
很少（50年一遇）	1
特少（100年一遇）	0.5

C 为发生事故的严重性。事故所造成的人身伤害或电网损失的变化范围很大，所以规定分数值为 1～100，将仅需要救护的伤害及设备或电网异常运行的分数定为 1，将造成特大人身、设备、电网事故的分数定为 100，其他情况的数值定为 1～100，见表 3-3。

表 3-3   发生事故的严重性（C）

后果		分数值
人身	设备、电网	
可能造成特大人身死亡事故者	可能造成特大设备事故者；可能引起特大电网事故者	100
可能造成重大人身死亡事故者	可能造成重大设备事故者；可能引起重大电网事故者	40
可能造成一般人身死亡事故或多人重伤者	可能造成一般设备事故者；可能引起一般电网事故者	15
可能造成人员重伤事故或多人轻伤事故者	可能造成设备一类障碍者；可能造成电网一类障碍者	7
可能造成人员轻伤事故者	可能造成设备二类障碍者；可能造成电网二类障碍者	3
仅需要救护的伤害	可能造成设备或电网异常运行	1

风险值 D 计算出后，关键是如何确定风险级别的界限值，而这个界限值并不是长期固定不变的。在不同时期，企业应根据其具体情况来确定风险级别的界限值。表 3-4 可作为确定风险程度的风险值界限的参考标准。

表 3-4   风险程度与风险值的对应关系

风险程度	风险值
重大风险	$D \geqslant 160$
较大风险	$70 \leqslant D < 160$
一般风险	$D < 70$

2. PR 法

PR 法是根据风险发生的可能性、导致后果的严重性，针对动态风险所采取的一种风险评估方法。

P 值代表事故发生的可能性（possible），即在风险已经存在的前提下，发生事故的可能性。按照事故的发生率将 P 值分为四个等级，见表 3-5。

表 3-5   可能性定性定量评估标准表（P）

级别	可能性	含义
4	几乎肯定发生	事故非常可能发生，发生概率在 50% 以上
3	很可能发生	事故很可能发生，发生概率在 10%～50%
2	可能发生	事故可能发生，发生概率在 1%～10%
1	发生可能性很小	事故仅在例外情况下发生，发生概率在 1% 以下

R 值代表后果严重性（result），即此风险导致事故发生之后，对人身、电网或设备造成的危害程度。根据《国家电网公司安全事故调查规程》（国家电网安监〔2020〕820 号）的分类，将 R 值分为特大、重大、一般、轻微四个级别，见表 3-6。

表 3-6　　　　　　　　严重性定性定量评估标准表（R）

级别	后果	严重性	
		人身	设备、电网
4	特大	可能造成重大及以上人身死亡事故者	可能造成重大及以上设备事故者；可能引起重大及以上电网事故者
3	重大	可能造成一般人身死亡事故或多人重伤者	可能造成一般设备事故者；可能引起一般电网事故者
2	一般	可能造成人员重伤事故或多人轻伤事故者	可能造成设备一、二类障碍者；可能造成电网一、二类障碍者
1	轻微	仅需要救护的伤害	可能造成设备或电网异常运行

将表 3-5 和表 3-6 中的可能性和严重性结合起来，就得到用重大、较大、一般表示的风险水平描述，如图 3-1 所示。

3. 作业项目风险评估

作业项目风险评估指针对某一类作业项目，综合考虑其技术难度、对电网的影响程度、发生事故的可能性和后果等因素，在对项目风险进行风险辨识后，依据作业项目风险评估标准划定作业项目的整体风险等级。

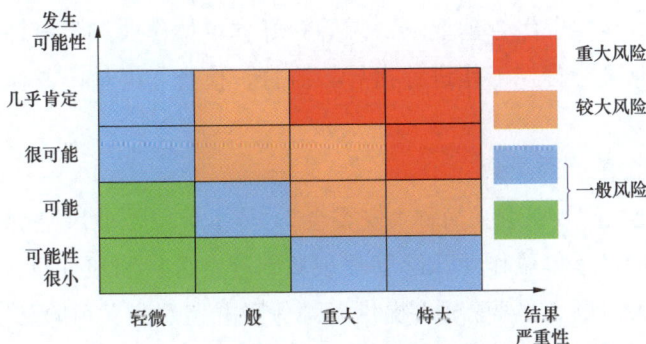

图 3-1　PR 法风险水平描述坐标图

（三）风险预警

风险预警是指对可能发生人身伤害事故和由人员责任导致的电网和设备

事故的作业安全风险实行安全预警。

风险预警实行分类、分级管理，形成以单位、专业室（中心）、班组为主体的风险预警管理体系。

较大及以上等级的检修、倒闸操作作业项目风险应形成作业风险预警通知单，经过审核、批准后，由项目主管职能部门发布。

专业室（中心）接到风险预警后，细化预控措施，并布置落实。同时，专业室（中心）负责将落实情况反馈至主管职能部门。

（四）风险控制

风险控制是指采取预防或控制措施将风险降低到可接受的程度。

静态风险采用消除、隔离、防护、减弱等控制方法。动态风险利用作业安全风险控制措施卡、标准化作业指导书、工作票、操作票等组织措施、技术措施及安全措施进行现场风险控制。

作业安全风险控制措施卡是将辨识出的风险进行评估整理后，与工作票（或操作票）、标准化作业指导书配合使用的控制作业现场风险的载体。

（五）检查与改进

风险管控实施动态闭环过程管理，实现作业风险管控的持续改进。

二、职责与分工

各单位是作业风险管理的责任主体，应按照"三个必须"（管行业必须管安全、管业务必须管安全、管生产经营必须管安全）和"谁主管、谁负责"的原则，负责落实上级管理要求，统筹做好本单位作业风险管理工作，并对下级单位作业风险管控工作进行指导、监督、检查和考核，具体职责与分工如下。

（一）安全生产委员会

各级安全生产委员会（简称"安委会"）是本单位作业风险管理工作领导机构，负责审议本单位作业风险管理规章制度，分析和研究重大作业风险，协调解决重大问题、重要事项，提供资源保障并监督相关风险管控措施落实。

（二）安全生产委员会办公室

各级安全生产委员会办公室是本单位作业风险管理工作领导机构办公室，负责作业风险管理工作的综合协调和监督管理，组织和督促安委会成员部门完善本专业作业风险管理工作标准、实施细则，健全安全风险管控工作机制。

（三）安委会成员部门

各级设备、营销、建设、调控等安委会成员部门是本专业作业风险管理的责任主体，按照"管业务必须管安全"的要求，负责业务范围内作业风险全过程管理。

（四）远程督查组（安全督查中心）

总部远程安全督查组和省、市、县各级安全督查中心负责监督核查各单位作业计划及风险评估定级情况；负责组织开展作业现场的远程安全督查。

（五）二级机构（工区、项目部）

二级机构（工区、项目部）负责组织实施作业风险管控工作，编制、审查并上报作业计划，按照批复的作业计划，组织落实风险预控、作业准备、作业实施、到岗到位等各环节安全管控措施和要求。

（六）作业班组

作业班组负责落实现场勘察、风险评估、工作票执行、班前（后）会、安全交底、作业监护等安全措施和要求。

三、作业组织与实施风险管控

（一）作业组织控制措施与要求

作业组织主要风险包括任务安排不合理、人员安排不合适、组织协调不力、资源配置不符合要求、方案措施不全面、安全教育不充分等。

风险管控的主要措施与要求如下：

（1）任务安排要严格执行月、周工作计划，系统考虑人、材、物的合理调配，综合分析时间与进度、质量、安全的关系，合理布置日工作任务，保证工作顺利完成。

（2）人员安排要开展班组承载力分析，合理安排作业力量。工作负责人胜任工作任务，作业人员技能符合工作需要，管理人员到岗到位。

（3）组织协调停电手续办理，落实动态风险预警措施，做好外协单位或其他配合单位的联系工作。

（4）资源调配满足现场工作需要，提供必要的设备材料、备品备件、车辆、机械、作业机具及安全工器具等。

（5）开展现场勘察，填写现场勘察单，明确需要停电的范围，保留的带电部位，作业现场的条件、环境及其他作业风险。

（6）方案制定科学严谨。根据现场勘察情况组织制定施工"三措"（组织措施、技术措施、安全措施）、作业指导书，有针对性和可操作性。危险性、复杂性和困难程度较大的作业项目工作方案，应经本单位批准后结合现场实际执行。

（7）组织方案交底。组织工作负责人等关键岗位人员、作业人员（含外协人员）、相关管理人员进行交底，明确工作任务、作业范围、组织措施、技术措施、安全措施、作业风险及管控措施。

（二）作业安全风险库的建立与维护

生产班组负责根据《评估规范》，查找管辖范围内的危险因素，明确风险所在的地点和部位，对风险等级进行初评，形成风险事件并上报专业室（中心）。专业室（中心）负责对生产班组上报的风险事件进行审核、复评。一般、较大风险事件，由专业室（中心）在作业安全风险库中发布。重大风险事件，由专业室（中心）上报单位相关职能部门和安监部门，相关职能部门会同安监部门对重大风险审核确认后在作业安全风险库中发布。

作业安全风险库应及时导入日常安全生产和管理（如日常检查、专项检查、隐患排查、安全性评价等）中新发现的风险。职能部门每年组织专家，依据《评估规范》进行专项风险辨识，补充、完善作业安全风险库中相关风险事件。对风险事件的新增、消除和风险等级的变更等维护工作仍遵循逐级审核、发布的原则。

作业安全风险库模板见表 3-7。

表 3-7　　　　　　　　　作业安全风险库模板

序号	地点	部位	风险描述	作业类别	伤害方式	可能性	频度	严重性	风险值	风险等级	控制措施	填报单位	发布时间
1													
...													

作业安全风险库包括地点、部位、风险描述、作业类别、伤害方式、风险值、控制措施、填报单位和发布时间等内容，具体含义如下：

（1）地点是指风险所在的变电站、高压室、配电站或线路。

（2）部位是指风险所在的间隔、设备或线段。

（3）风险描述是指风险可能导致事故的描述。

（4）作业类别包括变电运维、变电检修、输电运检、电网调度、配网运检五种。一个风险可对应多个作业类别。

（5）伤害方式一般包括触电、高处坠落、物体打击、机械伤害、误操作、交通事故、火灾、中毒、灼伤、动物伤害十种。一个风险可对应多个伤害方式。

（6）风险值一般采用 LEC 法分析得到。

（7）控制措施是根据风险特点和专业管理实际所制定的技术措施或组织措施。

（8）填报单位是上报并跟踪管理的单位或部门。

（9）发布时间是经审核批准后公开发布该风险的时间。

（三）作业项目风险等级评估

作业项目风险等级评估指针对某一类作业项目，综合考虑其技术难度、对电网的影响程度、发生事故的可能性和后果等因素，在对项目风险进行风险辨识后，依据作业项目风险评估标准划定作业项目的整体风险等级。

运检部门负责根据月度计划创建作业项目并下达到调控中心、配合单位和检修、运行专业室（中心）。作业项目的创建原则为：一般以单条月度工作计划为一个作业项目；对于关联度较高的几条月度工作计划，可以合并成一个作业项目。

（四）现场实施主要风险及控制措施与要求

现场实施主要风险包括电气误操作、继电保护"三误"（误碰、误整定、误接线）、触电、高处坠落、机械伤害等。

现场实施风险控制的主要措施与要求如下：

（1）作业人员作业前经过交底并掌握方案。

（2）危险性、复杂性和困难程度较大的作业项目，作业前必须开展现场勘察，填写现场勘察单，明确工作内容、工作条件和注意事项。

（3）严格执行操作票制度。解锁操作应严格履行审批手续，并实行专人监护。接地线编号与操作票、工作票一致。

（4）工作许可人应根据工作票的要求在工作地点或带电设备四周设置遮栏（围栏），将停电设备与带电设备隔开，并悬挂安全警示标志牌。

（5）严格执行工作票制度，正确使用工作票、动火工作票、二次安全措施票和事故应急抢修单。

（6）组织召开开工会，交代工作内容、人员分工、带电部位和现场安全措施，告知危险点及防控措施。

（7）安全工器具、作业机具、施工机械检测合格，特种作业人员及特种设备操作人员持证上岗。

（8）对多专业配合的工作要明确总工作协调人，负责多班组各专业工作协调；复杂作业、交叉作业、危险地段、有触电危险等风险较大的工作要设立专责监护人员。

（9）操作接地是指改变电气设备状态的接地，由操作人员负责实施，严禁检修工作人员擅自移动或拆除。工作接地是指在操作接地实施后，在停电范围内的工作地点，对可能来电（含感应电）的设备端进行的保护性接地，由检修人员负责实施，并登录在工作票上。

（10）严格执行安全规程及现场安全监督，不走错间隔，不误登杆塔，不擅自扩大工作范围。

（11）全部工作完毕后，拆除临时接地线、个人保安接地线，恢复工作许可前设备状态。

（12）根据具体工作任务和风险度高低，相关生产现场领导和管理人员到岗到位。

（五）安全承载能力分析

作业项目负责人根据经审核、批准的作业项目风险评估结果开展班组安全承载能力分析。若安全承载能力无法满足作业项目风险等级，则及时调整人员安排和装备配置，直到安全承载能力与作业项目风险等级相匹配。

班组安全承载能力分析内容包括班组成员的技能等级、工作经验、安全积分，以及班组生产装备和安全工器具的匹配程度，见表 3-8。

表 3-8　　　　　　　　运维班组安全承载能力分析标准

分类		评分方法	分值	评分标准	评估得分
监护人（工作负责人）	技能等级	监护人（工作负责人）的技能等级水平	15	按个人安全等级划分：三级 15 分，二级 10 分，一级 6 分	
	工作经验	监护人（工作负责人）参与该类型的工作经历	15	由单位根据实际情况发文公布分值	
	安全积分	监护人（工作负责人）的安全积分	15	安全积分未扣分时得 15 分，安全积分有扣分的，每一次减 2 分	
操作（作业）人	技能等级	操作人的技能等级水平	15	按操作人安全等级划分：三级 15 分，二级 10 分，一级 6 分	

续表

分类		评分方法	分值	评分标准	评估得分
操作（作业）人	工作经验	操作人员的工作经验	10	由单位根据实际情况发文公布操作人员的工作经验分值	
	安全积分	操作人的安全积分扣分次数	15	安全积分未扣分时得 15 分，安全积分有扣分的，每一次减 1 分	
生产装备和安全工器具	匹配程度	主要生产装备和工器具是否够用或需外借	15	够用得 15 分，需外借得 10 分	
合计					

　　技能等级是依据个人所取得的员工安全等级确定，可与人员安全信息库中的数据匹配后自动生成；安全等级依据个人经鉴定取得。工作经验的分值由各单位依据员工实际情况定期发文公布，可与人员安全信息库中的数据匹配后自动生成。工作经验的分值由各单位依据员工实际情况定期发文公布，可与人员安全信息库中的数据匹配后自动生成。安全积分依据个人安全积分情况确定，可与人员安全信息库中的数据匹配后自动生成。

　　生产装备和安全工器具的匹配程度，需要评估人员按照实际情况进行评估。

　　作业项目风险等级与安全承载能力分析评估得分的要求：一级风险作业的评估得分必须大于 90 分；二级风险作业的评估得分必须大于 85 分；三级风险作业的评估得分必须大于 80 分；四级风险作业的评估得分必须大于 75 分；五级风险作业的评估得分必须大于 70 分。

（六）应急处置

　　针对现场具体作业项目编制现场处置方案。组织作业人员学习并掌握现场处置方案。现场工作人员应定期接受培训，学会紧急救护法，会正确解脱电源，会心肺复苏法，会转移搬运伤员等。

第二节　作业安全风险辨识与控制

　　作业安全风险是在生产施工作业过程中，由于生产组织安排、人员作业行为、施工工艺方法、设备环境状态等因素，可能导致发生人身、电网、设备等安全事故（事件）的可能性与严重性的组合。其中作业人身风险涉及触电伤害、高处坠落、物体打击、机械伤害、中毒窒息等。

一、作业安全风险分级

按照生产施工作业可能导致发生人身、电网、设备等安全事故（事件）的可能性与严重性的组合，将作业安全风险等级从高到低分为一到五级，并对应划分为重大风险作业（一级）、较大风险作业（二级、三级）和一般风险作业（四级、五级）。

1. 重大风险作业

（1）可能导致发生一至三级人身事件风险的作业。

（2）可能导致发生一至四级电网或设备事件风险的作业。

（3）可能导致发生五级信息系统事件风险的作业。

（4）可能导致发生较大及以上火灾事故风险的作业。

（5）其他可能导致发生对社会及公司造成重大影响事件风险的作业。

2. 较大风险作业

（1）可能导致发生四级人身事件风险的作业。

（2）可能导致发生五至六级电网或设备事件风险的作业。

（3）可能导致发生六级信息系统事件风险的作业。

（4）可能导致发生一般火灾事故风险的作业。

（5）其他可能导致发生对社会及公司造成较大影响事件风险的作业。

3. 一般风险作业

（1）可能导致发生五级及以下人身事件风险的作业。

（2）可能导致发生七至八级电网、设备或信息事件风险的作业。

（3）其他可能导致发生对社会及公司造成影响事件风险的作业。

典型生产作业风险定级库详见《国家电网有限公司作业安全风险管控工作规定》（国家电网企管〔2023〕55 号）。针对数字化专业，可参照国家电网有限公司、省公司数字化部发布的数字化专业风险作业定级表执行。

二、作业安全风险管控流程

作业安全风险管控遵循以人身风险管控为主，按照"全面评估、分级管控"的工作原则，依托安全风险管控监督平台（简称"平台"，含移动 App）对作业涉及的各类风险实施全面、全过程管理，包括计划管理、评估定级、管控措施制定、审查会商、风险公示告知、现场风险管控、评价考核等环节。作业风险管控工作流程图如图 3－2 所示。

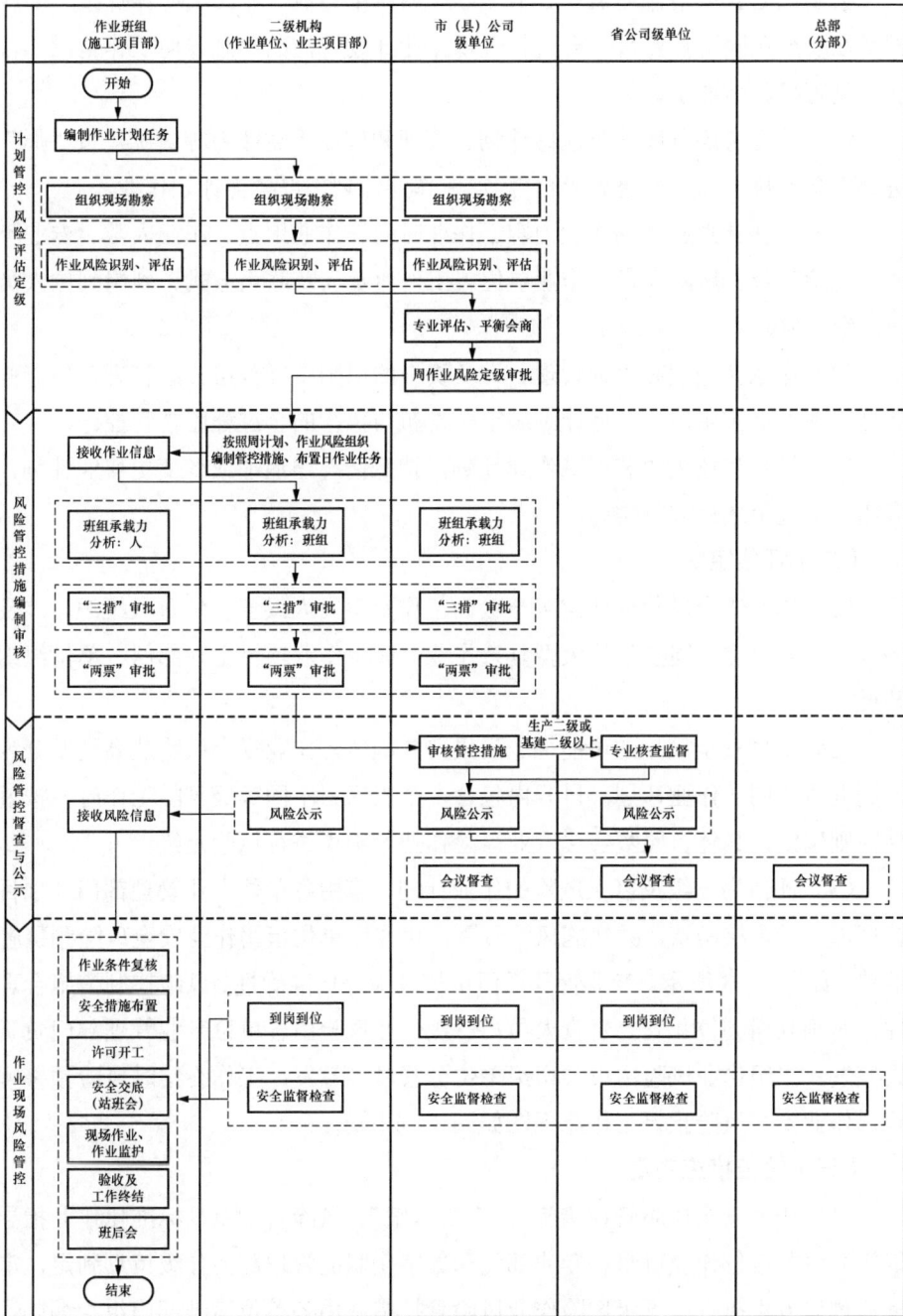

作业班组 (施工项目部)	二级机构 (作业单位、业主项目部)	市(县)公司 级单位	省公司级单位	总部 (分部)

计划管控、风险评估定级

开始

编制作业计划任务

组织现场勘察	组织现场勘察	组织现场勘察		
作业风险识别、评估	作业风险识别、评估	作业风险识别、评估		
		专业评估、平衡会商		
		周作业风险定级审批		

风险管控措施编制审核

接收作业信息	按照周计划、作业风险组织 编制管控措施、布置日作业任务			
班组承载力 分析:人	班组承载力 分析:班组	班组承载力 分析:班组		
"三措"审批	"三措"审批	"三措"审批		
"两票"审批	"两票"审批	"两票"审批		

风险管控督查与公示

		审核管控措施	生产二级或 基建二级以上 专业核查监督	
接收风险信息	风险公示	风险公示	风险公示	
		会议督查	会议督查	会议督查

作业现场风险管控

作业条件复核				
安全措施布置	到岗到位	到岗到位	到岗到位	
许可开工				
安全交底 (站班会)	安全监督检查	安全监督检查	安全监督检查	安全监督检查
现场作业、 作业监护				
验收及 工作终结				
班后会				

结束

图 3－2 作业安全风险管控工作流程

（一）计划管理

数字化专业风险作业需在 SG-I6000 系统中完成一、二级检修提报，并应同步在安全风险管控监督平台进行现场作业计划管控的信息专业工作范围。作业计划管控具体要求如下：

（1）统筹考虑月度信息检修计划、管理和作业承载能力等情况，按"周"进行平衡安排，细化分解到"日"，形成作业计划，严禁无计划作业。

（2）作业计划应包括作业内容、作业时间、作业地点、作业人数、专业类型、风险等级、风险要素、作业单位、工作负责人及联系方式、到岗到位人员信息等内容。

（3）作业计划按照"谁管理、谁负责"的原则实行分层分级管理，各专业计划管理人员应明确，严格计划编审、发布与执行的全过程监督管控。

（4）禁止随意更改和增减作业计划，特殊情况需追加或者变更作业计划，应履行审批手续后方可实施。

（二）评估定级

（1）作业安全风险评估定级一般由工作票签发人或工作负责人组织，涉及多专业、多单位共同参与的大型复杂作业，应由作业项目主管部门、单位组织开展。

（2）根据安全风险的可能性、后果严重程度，作业安全风险从高到低分为一到五级。同一作业计划（日）内包含多个工序、不同等级风险工作时，按就高原则确定，具体参照数字化专业风险作业定级表进行风险定级。

（3）评估为三级及以上风险的作业计划，应由各单位专业管理部门（项目管理部门）审核确认，并实施风险预警；由作业单位填写作业安全风险预警管控单，如图 3-3 所示。专业管理部门审核风险评估准确性、风险控制措施合理性，明确到岗到位和安全督查人员；三级作业风险由各单位专业管理部门负责人签发，二级作业风险由市公司级单位分管领导签发；工作终结时风险预警解除。作业安全风险预警工作流程图如图 3-4 所示。

（三）管控措施制定

（1）作业安全风险管控措施（"三措一案"、风险告知单、标准化作业指导卡等）由各单位作业班组、专业部门和数字化职能管理部门分级策划制定，审批通过后方可执行：五级风险作业风险管控措施由各单位运维部门组织编制、审核；四级风险作业风险管控措施由各单位运维部门组织编制、审核；三级风险作业风险管控措施由各单位数字化职能部门组织审核，经各单位分管领导批准，向信息调度和数字化部报备。

作业安全风险管控单（模板）

××单位××专业（××××年）××号

发布部门（盖章）　　　　　　　　　　　　　　发布日期：××××年××月××日

作业单位（部门）			
作业班组		工作负责人	
作业内容			
风险分析			
预警计划时间	××××年××月××日××时		
预警解除时间		风险等级	
管控措施			
现场勘察记录			
"三措"			
工作票			
危险点分析和控制			
到岗到位人员	姓名	联系电话	
安全督查人员	姓名	联系电话	
编制人员	姓名	联系电话	
审核人员	姓名	联系电话	
签发人员	姓名	联系电话	

图 3-3　作业安全风险预警管控单

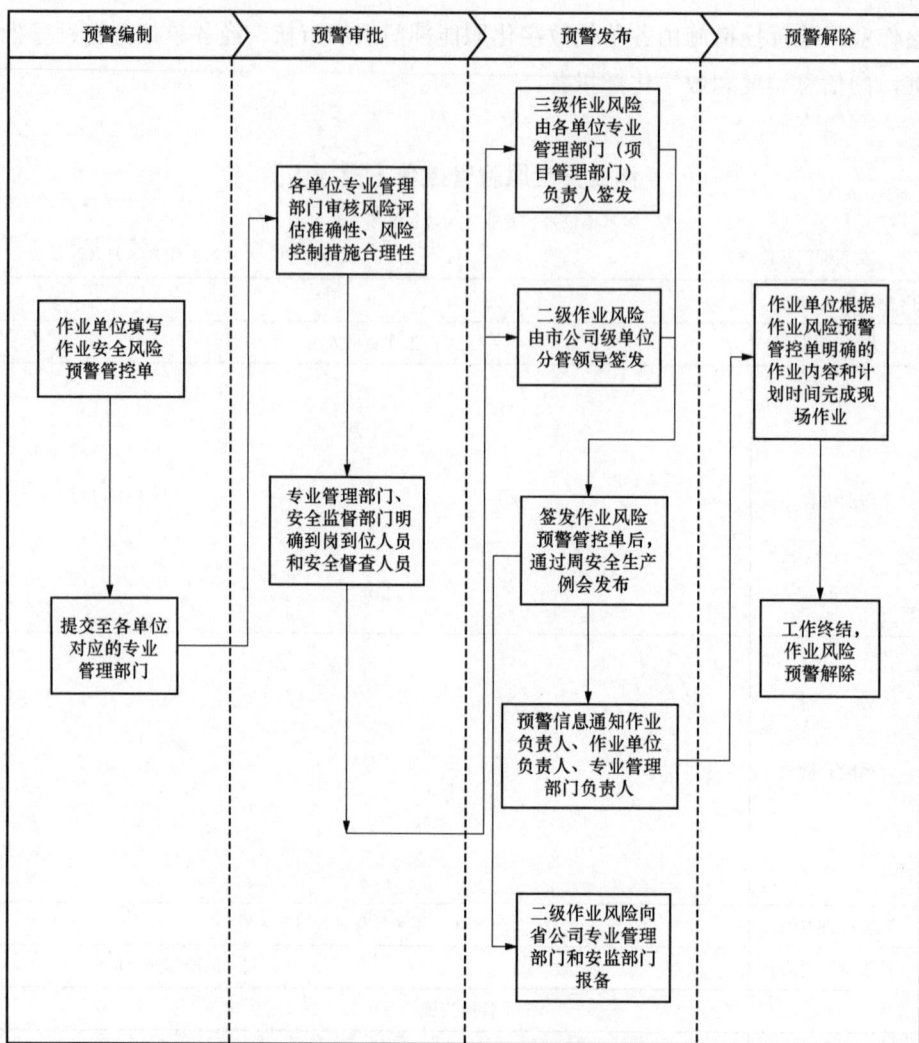

图 3-4　作业安全风险预警工作流程图

（2）开展班组员工承载力分析，合理安排作业力量。工作负责人胜任工作任务，作业人员技能、安全等级符合工作需要，管理人员到岗到位。

（3）组织协调停电手续办理，落实动态风险预警措施，做好外协单位或需要其他配合单位的联系工作。

（4）资源调配满足现场工作需要，提供必要的设备材料、备品备件、车辆、机械、作业机具及安全工器具等。

（5）科学严谨制定方案。根据现场勘察情况组织制定施工"三措"（即组织措施、技术措施、安全措施）、作业指导书，有针对性和可操作性。危险性、复杂性和困难程度较大的作业项目工作方案，应经本单位批准后结合现场实际执行。

（6）组织方案交底。组织工作负责人等关键人、作业人员（含外协人员）、相关管理人员进行交底，明确工作任务、作业范围、组织措施、技术措施、安全措施、作业安全风险及管控措施。

（7）因现场作业条件变化引起风险等级调整的，应重新履行识别、评估、定级和管控措施制定审核等工作程序。

（四）审查会商

（1）各专业部门按照专业分工，对业务范围内风险安全作业的必要性、风险辨识的全面性、风险定级的准确性和管控措施的针对性进行审查。

（2）各单位应将作业安全风险的会商审核和监督核查纳入本单位周安全风险督查例会机制内，综合分析研判风险辨识的全面性、定级准确性及管控措施的针对性、有效性，切实督导相关专业部门和相关单位履责。

（3）各级安全督查中心应依据作业安全风险定级标准和会商会议要求，每周对作业风险定级情况进行核查，将计划管理不到位、风险定级不准确、管控措施不落实等问题纳入违章行为严肃通报考核。

（五）风险公示告知

（1）各单位应建立健全风险公示与告知制度，做好作业安全风险公示与告知工作。

风险公示。按照"谁管理、谁公示"原则，地市（县）公司级单位、二级机构以审定的作业计划、风险内容、风险等级、管控措施为依据，每周日前对下周作业计划存在的所有作业安全风险进行全面公示。

风险告知。对作业安全风险涉及的重要用户、电厂等外部单位，应提前告知风险事由、时段、影响、措施建议等，并留存告知记录，以便外部单位提前做好风险防范。

（2）风险公示内容应包括作业内容、作业时间、作业地点、专业类型、风险因素、风险类别、风险等级、作业单位、工作负责人姓名及联系方式、到岗到位人员信息等。

（3）地市（县）供电公司级单位作业安全风险内容一般应由安监部门汇总后在本单位网页公告栏内进行公示；各工区、项目部等二级机构均应在醒目位置张贴作业安全风险内容。

（4）各单位、专业部门、班组应充分利用工作例会、班前会等，逐级组织交代工作任务、作业安全风险和管控措施，从上至下将"四清楚"（作业任务清楚、作业流程清楚、危险点清楚、安全措施清楚）任务传达到岗、到人。

（5）各单位应按照上级单位和政府部门要求，规范开展作业风险报告工作。

（六）现场风险管控

作业现场主要风险包括信息系统误操作、业务中断、数据丢失、设备损坏、触电、火灾、爆炸、窒息、高处坠落、机械伤害等。

现场实施风险管控主要措施与要求如下：

（1）作业开始前应做好准备工作，核实作业必需的工器具和个人安全防护用品齐备有效，核实作业人员具备安全准入资格、相关特种作业资质等。

（2）信息系统检修作业开始前，在保障有效性和准确性的前提下，允许提前完成对配置文件、运行参数和日志文件等备份，允许在开工前完成业务数据全量备份，检修过程中完成数据增量备份。

（3）工作执行过程中，工作负责人应在作业现场，发现违章时应及时制止，做好现场工作的有序组织和安全监护。

（4）严格执行工作票制度。正确使用工作票、动火工作票，各项操作应严格履行审批手续。

（5）严格执行状态交接制度。许可工作前工作许可人、工作负责人共同检查及确认现场安全措施，必要时进行补充完善，并做好相关记录。

（6）建立健全生产作业到岗到位管理制度，明确到岗到位标准和工作内容，实行分层分级管理：三级风险作业，相关地市级单位或专业管理部门、县公司级单位负责人或管理人员应到岗到位；二级风险作业，相关地市级单位分管领导或专业管理部门负责人应到岗到位；涉及多专业、多单位的生产作业项目，地市级单位相关部门和单位应分别到岗到位；输变电工程到岗到位要求按照《国家电网有限公司输变电工程建设安全管理规定》执行。

（7）加强作业现场安全监督检查，对各类作业现场开展"四不两直"❶现场和远程视频安全督查。省公司级单位应对所辖范围内的二级风险作业现场开

---

❶ "四不"：不发通知、不打招呼、不听汇报、不用陪同接待；"两直"：直奔基层、直奔现场。

展全覆盖督查。地市公司级单位应对所辖范围内的三级及以上风险作业现场开展全覆盖督查。县公司级单位对所辖范围内的作业现场开展全覆盖督查。

（8）现场工作结束后，工作负责人恢复设备至工作许可前设备状态，配合设备运维管理单位做好验收工作，核实工器具、视频监控设备回收情况，清点作业人员，应用移动作业 App 做好工作终结记录。

（9）工作结束后组织全体班组人员召开班后会，对作业现场安全管控措施落实及"两票三制"❶执行情况进行总结评价。

（七）评价考核

（1）定期分析评估作业安全风险管控工作执行情况，督促落实安全管控工作标准和措施，持续改进和提高作业安全风险管控工作水平。

（2）将作业安全风险管控工作纳入日常督查工作内容，将无计划作业、随意变更作业计划、风险评估定级不严格、管控措施不落实等情形纳入违章行为进行严肃通报处罚。

三、信息系统检修风险分级

（一）风险评估分析内容

重点考虑设备处于 $N-1$ 检修状态时面临的风险后果，范围包括信息系统、主机设备、安全设备、网络设备、存储设备、基础平台、电源设备、动火现场等信息检修内容。

综合考虑 $N-1$ 检修状态下风险发生的后果以及风险暴露时间，确定风险的等级和预控措施要求。

（二）风险等级划分标准

信息检修风险等级分为五至八级，五级为最高级别。风险等级主要参照《国家电网有限公司安全事故调查规程》描述的安全事件级别进行划分，使检修风险与电网事件相对应，在风险等级评定时做到有规可依，也便于信息检修风险为一次电网部门所理解。

五级信息检修风险指发生后造成五级信息系统事件及其他相同程度的后果者。

---

❶ "两票"：工作票、操作票；"三制"：交接班制度、巡回检查制度、设备定期试验和轮换制度。

六级信息检修风险指发生后造成六级信息系统事件及其他相同程度的后果者。

七级信息检修风险指发生后造成七级信息系统事件及其他相同程度的后果者。

八级信息检修风险指发生后造成八级信息系统事件及其他相同程度的后果者。

四、典型作业安全风险辨识与控制

（一）信息系统运维检修作业安全风险辨识与控制

信息系统运维检修作业安全风险辨识内容及典型预防措施见表3-9。

表3-9　　信息系统运维检修作业安全风险辨识内容及典型预防措施

序号	风险	风险点	预防措施
1	误操作	作业对象不正确	（1）作业前，严格执行工作票填写规范，明确操作对象，核对授权账号，做好数据备份。 （2）作业时，工作负责人应再次检查并确认操作对象正确无误，加强检修操作中的监护
		业务影响范围不准确	开工前校核作业影响业务，加强作业过程业务监视
		运维资料图实不符	加强运维资料梳理和维护，及时更新核对
2	业务访问异常	未充分测试及验证	（1）作业前，需在测试环境中测试，检验操作内容是否成功。 （2）在测试环境中完成测试后，需基于该功能在测试环境开展功能/性能测试。 （3）测试结果需经工作负责人确认后，方可在正式环境中开展工作。 （4）在生产环境中完成操作后，应验证业务及功能是否正常
		生产与测试环境差异大	在测试前应保证测试环境与生产环境版本一致
		未按照标准要求操作	（1）作业过程中，严格按照操作步骤执行检修操作。 （2）作业过程中应有专人监护。 （3）在生产环境中完成操作后，应验证业务及功能是否正常
3	数据丢失	数据丢失	（1）做好数据备份，确保备份数据存储位置与检修设备相互独立。 （2）数据恢复操作严格按步骤进行，每一步操作完成并确认成功后，方可进行下一步操作
		变更对象不正确	（1）作业前，严格执行工作票填写规范，明确操作对象。 （2）作业时，工作负责人应再次检查并确认操作对象正确无误。 （3）在生产环境中完成数据脚本执行后，应验证业务及功能是否正常

续表

序号	风险	风险点	预防措施
3	数据丢失	未充分测试及验证脚本	（1）作业前，需在测试环境中完成脚本测试，验证脚本的规范性。 （2）在测试环境中完成数据脚本执行后，需开展相关系统的功能/性能测试。 （3）测试结果需经工作负责人确认后，方可在正式环境中开展工作。 （4）在生产环境中完成数据脚本执行后，应验证业务及功能是否正常
4	数据备份未验证可用性	数据备份未验证可用性	（1）作业前，需在测试环境中完成数据备份恢复测试，验证备份数据的可用性。 （2）测试结果需经工作负责人确认后，方可在正式环境中开展工作

（二）主机设备检修作业安全风险辨识与控制

主机设备检修作业专业部分安全风险辨识内容及典型预防措施见表 3－10。

表 3－10　　　　　　主机设备检修作业专业部分安全风险
辨识内容及典型预防措施

序号	风险	风险点	预防措施
1	业务中断	检修后系统无法正常访问	（1）检修前对可能受影响的配置数据、应用数据等进行备份。若操作过程中出现问题异常，应立即进行回退操作。 （2）检修前将设备上的业务系统尽可能转移走，减小影响范围
2	误操作	作业对象不正确	（1）检修前核对设备名称、IP 地址，确保正确无误。 （2）检修前核对业务系统名称，确保正确无误。 （3）操作时加强监护
3	设备损坏	对硬件设备检修未断开外部电源或未佩戴防静电手环，导致硬件设备相关板卡损坏	（1）设备检修前须断开外部电源。 （2）正确佩戴防静电手环，防止损坏相关板卡

（三）安全设备检修作业安全风险辨识与控制

安全设备检修作业安全风险辨识内容及预防措施见表 3－11。

表 3－11　　　安全设备检修作业安全风险辨识内容及预防措施

序号	风险	风险点	预防措施
1	业务中断	检修后系统无法正常访问	（1）检修前对可能受影响的配置数据、应用数据等进行备份。若操作过程中出现问题异常，应立即进行回退操作。 （2）检修前将设备上的业务系统尽可能转移走，减小影响范围
2	误操作	作业对象不正确	（1）检修前核对设备名称、IP 地址，确保正确无误。 （2）检修前核对业务系统名称，确保正确无误。 （3）操作时加强监护

（四）网络设备检修作业安全风险辨识与控制

网络设备检修作业安全风险辨识内容及预防措施见表3－12。

表3－12　　　网络设备检修作业安全风险辨识内容及预防措施

序号	风险	风险点	预防措施
1	业务中断	检修后系统无法正常访问	（1）检修前对可能受影响的配置数据、应用数据等进行备份。若操作过程中出现问题异常，应立即进行回退操作。 （2）检修前将设备上的业务系统尽可能转移走，减小影响范围
2	误操作	作业对象不正确	（1）检修前核对设备名称、IP地址，确保正确无误。 （2）检修前核对业务系统名称，确保正确无误。 （3）操作时加强监护

（五）存储设备检修作业安全风险辨识与控制

存储设备检修作业安全风险辨识内容及预防措施见表3－13。

表3－13　　　存储设备检修作业安全风险辨识内容及预防措施

序号	风险	风险点	预防措施
1	业务中断	检修后存储无法使用风险	（1）检修前对可能受影响的业务数据、应用数据等进行备份。若操作过程中出现问题异常，应立即进行回退操作。 （2）检修前向业务系统运维人员告知存在风险，尽可能地转移重要数据到备用存储上，减小影响范围，降低风险
2	误操作	作业对象不正确	（1）检修前核对业务系统名称、IP地址，确保正确无误。 （2）检修前确认存储 LUN ID 和业务系统端映射盘 ID 核对一致，确保无误。 （3）操作时加强监护，一人操作，一人确认

（六）基础平台检修作业安全风险辨识与控制

基础平台检修作业安全风险辨识内容及预防措施见表3－14。

表3－14　　　基础平台检修作业安全风险辨识内容及预防措施

序号	风险	风险点	预防措施
1	业务中断	检修后存在系统无法运行风险	（1）检修前对可能受影响的业务数据、应用数据等进行备份。若操作过程中出现问题异常，应立即进行回退操作。 （2）检修之前向业务系统运维人员告知存在风险，逐台设备开展系统操作，将承载业务转移至其余节点运行
2	误操作	作业对象不正确	（1）检修前核对业务系统名称、IP地址，确保正确无误。 （2）检修前确认存储 LUN ID 和业务系统端映射盘 ID 核对一致，确保无误。 （3）操作时加强监护，一人操作，一人确认

（七）电源设备检修作业安全风险辨识与控制

电源设备检修作业安全风险辨识内容及预防措施见表 3 – 15。

表 3 – 15　　　　电源设备检修作业安全风险辨识内容及预防措施

序号	风险	风险点	预防措施
1	触电	误碰带电部位，造成人身触电	（1）清扫设备时，使用合格的绝缘除尘工具。 （2）拆接负载电缆前，应断开电源的输出开关并验电。 （3）对工器具做可靠的绝缘处理。 （4）谨慎操作，防止误碰带电部位。 （5）作业时加强监护。 （6）设备在带电条件下开展的作业，应对带电的相关设备布置防人身触电的安全措施，操作人员应在有专人监护的情况操作带电设备
		现场安全措施不完备	（1）严格按照作业方案编审要求逐级审批。 （2）按作业方案、工作票做好安全措施。 （3）现场勘察时明确作业地点与带电部位，并严格落实复勘
		电源相间短路	（1）对工器具和缆线头进行绝缘处理。 （2）作业时加强监护
2	火灾、爆炸、窒息	接线接触不良，导致线缆接头处发热	（1）使用合适的工具紧固。 （2）对接线情况进行复查。 （3）对接线端子进行测温
		未认真核对图纸和设备标识，造成误操作	（1）操作前核对图纸和设备标识。 （2）作业时加强监护
		运维资料图实不符	加强运维资料管理，及时更新核对
		误接线，造成设备损坏	（1）接线前核对图纸和设备标识。 （2）电缆接线前，校验线缆相间和对地绝缘。 （3）作业时加强监护
		仪表使用不当，造成损坏	（1）正确使用仪器仪表。 （2）作业时加强监护
		误操作，造成消防系统启动	检修前确认消防系统出气阀为关闭状态
		误碰电源开关，造成设备供电电源中断	（1）关闭某一路空气开关前，核对资料，确认无误后方可操作。 （2）防止误碰其他空气开关。 （3）作业时加强监护
		电源设备断电前未转移负载，造成设备断电	（1）电源设备断电前，应确认负载已转移或关闭。 （2）作业时加强监护
3	人身伤害	人员被设备砸伤	（1）移动设备前确认保护措施到位。 （2）作业时加强监护
4	高空坠落	人员从事登高作业时从高处坠落造成人身伤害	（1）从事 1.5m 及以上登高作业的人员必须经考核取得作业资格证书，具备相应技能后方可上岗，严禁无证或证书未及时复审的人员上岗作业。 （2）作业前确认保护措施到位。 （3）作业时加强监护

（八）动火现场检修作业安全风险辨识与控制

动火现场检修作业安全风险辨识内容及预防措施见表 3-16。

表 3-16　　　　动火现场检修作业安全风险辨识内容及预防措施

序号	风险	风险点	预防措施
1	火灾、爆炸	焊渣飞溅，可能引燃周围易燃物，引发火灾爆炸	（1）动火作业应有专人监护，动火作业前应清除动火现场及周围的易燃物品，或采取其他有效的安全防火措施，配备足够使用的消防器材满足作业现场应急需求。 （2）拆除管线进行动火作业时，应先查明其内部介质危险特性、工艺条件及其走向，并根据所要拆除管线情况制定安全防护措施。 （3）在由可燃物构建和使用可燃物做防腐内衬的设备内部进行动火作业时，应采取防火隔绝措施。 （4）动火期间，距动火点 30m 内不应排放可燃气体；距动火点 15m 内不应排放可燃液体；在动火点 10m 范围内，动火点上方及下方不应同时进行可燃溶剂清洗或喷漆作业；在动火点 10m 范围内不应进行可燃性粉尘清扫作业。 （5）使用电焊机作业时，电焊机与动火点的间距不应超过 10m，不满足要求时应将电焊机作为动火点进行管理。 （6）动火作业间断或终结后，应清洗现场，确认无残留火种后，方可离开
		动火系统未有效隔离，易燃可燃物料窜入系统后造成燃爆	凡盛有或盛过易燃易爆等化学危险物品的容器、设备、管道等生产、储存装置，在动火作业前应将其与生产系统彻底隔离或断开，并进行清洗置换，检测可燃气体、易燃液体的可燃蒸气含量合格后，方可动火作业
		氧气瓶、乙炔瓶管理不善	在气焊、气割动火作业时，乙炔瓶应直立放置，不应卧放使用；氧气瓶与乙炔瓶距离不应小于 5m，二者与动火间距不应小于 10m，并应采取防晒和防倾倒措施；乙炔瓶应安装防回火装置
2	火灾、中毒、窒息	可燃物料、有害气体局部浓度过高	（1）在作业过程中可能释放易燃易爆、有毒有害物质的设备上或设备内动火时，动火前应进行风险分析，并采取有效防范措施，必要时应连续监测气体浓度，发现气体浓度超限报警时，应立即停止作业；在较长的物料管线上动火，动火前应在彻底隔绝的区域内分段采样分析。 （2）动火作业现场的排风要良好，以保证泄漏的气体能顺畅排走
3	作业人员技能不足，无证上岗	作业人员技能不足，无证上岗	从事动火作业的人员必须经考核取得作业资格证书，具备相应技能后方可上岗，严禁无证或证书未及时复审的人员上岗作业

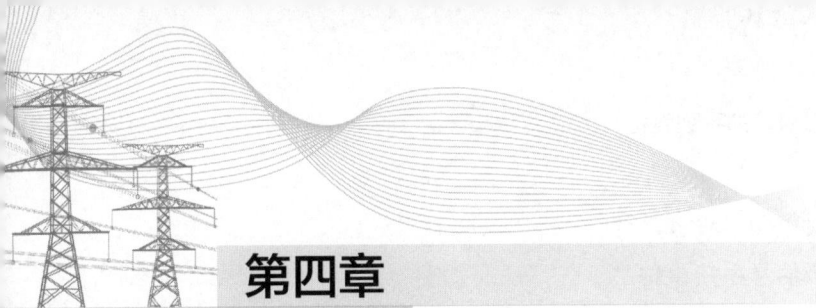

第四章

隐患排查治理

第一节 概 述

安全隐患排查治理是企业管理的重要内容，应树立"隐患就是事故"的理念，按照"谁主管、谁负责"和"全面排查、分级管理、闭环管控"的原则，逐级建立排查标准，实行分级管理，落实闭环管控。

一、定义与分级

安全隐患是指在生产经营活动中，违反国家和电力行业安全生产法律法规、规程标准以及公司安全生产规章制度，或因其他因素可能导致安全事故（事件）发生的物的不安全状态、人的不安全行为、场所的不安全因素和安全管理方面的缺失等。

根据危害程度，安全隐患可分为重大隐患、较大隐患、一般隐患三个等级。

（一）重大隐患

重大隐患主要包括可能导致以下后果的安全隐患：

（1）一至三级人身事件。

（2）一至四级电网、设备事件。

（3）五级信息系统事件。

（4）水电站大坝溃决、漫坝、水淹厂房事件。

（5）较大及以上火灾事故。

（6）违反国家、行业安全生产法律法规的管理问题。

（二）较大隐患

较大隐患主要包括可能导致以下后果的安全隐患：

（1）四级人身事件。

（2）五至六级电网、设备事件。

（3）六至七级信息系统事件。

（4）一般火灾事故。

（5）其他对社会及公司造成较大影响的事件。

（6）违反省级地方性安全生产法规和公司安全生产管理规定的管理问题。

（三）一般隐患

一般隐患主要包括可能导致以下后果的安全隐患：

（1）五级及以下人身事件。

（2）七至八级电网、设备事件。

（3）八级信息系统事件。

（4）违反省公司级单位安全生产管理规定的管理问题。

上述人身、电网、设备和信息系统事件，依据《国家电网有限公司安全事故调查规程》（国家电网安监〔2020〕820号）认定。火灾事故等级依据国家有关规定认定。

根据隐患产生原因和导致事故（事件）类型，隐患可分为系统运行、设备设施、人身安全、网络安全、消防安全、水电及新能源、危险化学品、电化学储能、特种设备、通用航空、安全管理和其他十二类。

二、职责分工

（1）安全隐患所在单位是隐患排查、治理和防控的责任主体。各级单位主要负责人对本单位隐患排查治理工作负全面领导责任，分管负责人对分管业务范围内的隐患排查治理工作负直接领导责任。

（2）各级安委会负责建立健全本单位隐患排查治理规章制度，组织实施隐患排查治理工作，协调解决隐患排查治理重大问题、重要事项，提供资源保障并监督治理措施落实。

（3）各级安委办负责隐患排查治理工作的综合协调和监督管理，组织安委会成员部门制定隐患排查标准，对隐患排查治理工作进行监督检查和评价考核。

（4）各级安委会成员部门按照"管业务必须管安全"的原则，负责职责范围内隐患排查治理工作。各级设备（运检）、调度、建设、营销、数字化、产业、水新、后勤等部门负责本专业隐患标准编制、排查组织、评估认定、治理实施和检查验收工作；各级发展、财务、物资等部门负责隐患治理所需的项目、资金和物资等投入保障。

（5）各级从业人员负责管辖范围内安全隐患的排查、登记、报告，按照职责分工实施隐患防控治理。

（6）各级单位将生产经营项目或工程项目发包、场所出租的，应与承包、承租单位签订安全生产管理协议，并在协议中明确各方对安全隐患排查、治理和管控的管理职责；对承包、承租单位隐患排查治理进行统一协调和监督管理，定期进行检查，发现问题及时督促整改。

第二节　隐患标准及隐患排查

一、隐患标准

（1）公司总部以及省、市公司级单位应分级分类建立隐患排查标准，明确隐患排查内容、排查方法和判定依据，指导从业人员及时发现、准确判定安全隐患。

（2）隐患排查标准编制应围绕影响公司安全生产的高风险领域，依据安全生产法律法规和规章制度，结合事故（事件）暴露的典型问题，确保重点突出、内容具体、责任明确。

（3）隐患排查标准编制应坚持"谁主管、谁编制""分级编制、逐级审查"的原则，各级安委办负责制定隐患排查标准编制规范，各级专业部门负责本专业排查标准编制。

1）公司总部组织编制重大、较大隐患排查标准，并对省公司级单位隐患排查标准进行审查。

2）省公司级单位补充完善较大、一般隐患排查标准，并对地市公司级单位隐患排查标准进行审查。

3）地市公司级单位补充完善一般隐患排查标准，形成覆盖各专业、各等级的隐患排查标准体系。

（4）各专业隐患排查标准编制完成后，由本单位安委办负责汇总、审查，经本单位安委会审议后发布。

（5）各级专业部门应将隐患排查标准纳入安全培训计划，及时组织培训，指导从业人员准确理解和执行隐患排查内容、排查方法，提高全员隐患排查发现能力。

（6）隐患排查标准实行动态管理，各级单位应每年对排查标准的针对性、有效性组织评估，结合安全生产规章制度"立改废释"、事故（事件）暴露的问题滚动修订，每年3月底前更新发布。

二、隐患排查

（1）各级单位应在每年6月底前，对照隐患排查标准组织开展一次涵盖安全生产各领域、各专业、各层级的隐患全面排查。各级专业部门应加强本专业隐患排查工作指导，对于专业性较强、复杂程度较高的隐患必要时组织专业技术人员或专家开展诊断分析。

（2）针对全面排查发现的安全隐患，隐患所在工区、班组应组织审查，依据隐患排查标准进行初步评估定级，利用公司安全隐患管理信息系统建立档案，形成本工区、班组安全隐患清单，并汇总上报至相关专业部门。

（3）各相关专业部门对本专业安全隐患进行专业审查，评估认定隐患等级，形成本专业安全隐患清单。一般隐患由县公司级单位评估认定，较大隐患由市公司级单位评估认定，重大隐患由省公司级单位评估认定。

（4）各级安委办对各专业安全隐患清单进行汇总、复核，经本单位安委会审议后，报上级单位审查。

1）市公司级单位安委会审议基层单位和本级排查发现的安全隐患，一般隐患审议后反馈至隐患所在单位，较大及以上隐患报省公司级单位审查。

2）省公司级单位安委会审议地市公司级单位和本级排查发现的安全隐患，对较大隐患审议后反馈至隐患所在单位，对重大隐患报公司总部审查。

3）公司总部安委会审议省公司级单位和本级排查发现的安全隐患，对重大隐患审议后反馈至隐患所在单位。

（5）隐患全面排查工作结束后，各单位应结合日常巡视、季节性检查等工作，开展隐患常态化排查。

（6）对于国家、行业及地方政府部署开展的安全生产专项行动，各单位应在公司现行隐患排查标准基础上，补充相关标准条款，开展针对性排查。

（7）对于公司系统安全事故（事件）暴露的典型问题和家族性隐患，各单位应举一反三开展事故类比排查。

（8）各单位应在全面排查和逐级审查基础上，分层分级建立本单位安全隐患清单，并结合日常排查、专项排查和事故类比排查滚动更新。

第三节　隐患治理及重大隐患管理

一、隐患治理

（1）隐患一经确定，隐患所在单位应立即采取防止隐患发展的安全管控措施，并根据隐患具体情况和紧急程度，制订治理计划，明确治理单位、责任人和完成时限，做到责任、措施、资金、期限和应急预案"五落实"。

（2）各级专业部门负责组织制定本专业隐患治理方案或措施，重大隐患由省公司级单位制定治理方案，较大隐患由市公司级单位制定治理方案或治理措施，一般隐患由县公司级单位制定治理措施。

（3）各级安委会应及时协调解决隐患治理有关事项，对需要多专业协同治理的明确责任分工、措施和资金，对于需要地方政府协调解决的及时报告政府有关部门，对于超出本单位治理能力的及时报送上级单位协调解决。

（4）各级单位应将隐患治理所需项目、资金作为项目储备的重要依据，纳入综合计划和预算优先安排。公司总部及省、市公司级单位应建立隐患治理绿色通道，对计划和预算外急需实施治理的隐患，及时调剂和保障所需资金和物资。

（5）隐患所在单位应结合电网规划、电网建设、技改大修、检修运维、规章制度"立改废释"等及时开展隐患治理，各专业部门应加强专业指导和督导检查。

（6）对于重大隐患治理完成前或治理过程中无法保证安全的，应从危险区域内撤出相关人员，设置警戒标志，暂时停工停产或停止使用相关设备设施，并及时向政府有关部门报告；治理完成并验收合格后方可恢复生产和使用。

（7）对于因自然灾害可能引发事故灾难的隐患，所属单位应当按照有关规定进行排查治理，采取可靠的预防措施，制定应急预案。在接到有关自然灾害预报时，应当及时发出预警通知；发生自然灾害可能危及人员安全的情况时，应当采取停止作业、撤离人员、加强监测等安全措施。

（8）各级安委办应开展隐患治理挂牌督办，公司总部挂牌督办重大隐患，省公司级单位挂牌督办较大隐患，市公司级单位挂牌督办治理难度大、周期长的一般隐患。

（9）隐患治理完成后，隐患治理单位在自验合格的基础上提出验收申请，相关专业部门应在申请提出后一周内完成验收，验收合格予以销号，不合格重新组织治理。

1）重大隐患治理结果由省公司级单位组织验收，结果向国网安委办和相关专业部门报告。

2）较大隐患治理结果由地市公司级单位组织验收，结果向省公司安委办和相关专业部门报告。

3）一般隐患治理结果由县公司级单位组织验收，结果向地市公司级安委办和相关专业部门报告。

4）涉及国家、行业监管部门、地方政府挂牌督办的重大隐患，治理结束后应及时将有关情况报告相关政府部门。

（10）各级安委办应组织相关专业部门定期向安委会汇报隐患排查治理情况，对于共性问题和突出隐患，深入分析隐患成因，从管理和技术上制定源头防范措施。

（11）各级单位应统一使用公司安全隐患管理信息系统，实现隐患排查治理全过程记录和"一患一档"管理。重大隐患相关文件资料应及时移交本单位档案管理部门归档。隐患档案应包括以下信息：隐患简题、隐患内容、隐患编号、隐患所在单位、专业分类、归属部门、评估定级、治理期限、资金落实、治理完成情况等。隐患排查治理过程中形成的会议纪要、治理方案、验收报告等应归入隐患档案。

（12）各级单位应将隐患排查治理情况如实记录，并通过职工大会或者职工代表大会、信息公示栏等方式向从业人员通报。各单位应在月度安全例会上通报本单位隐患排查治理情况，各班组应在安全日活动上通报本班组隐患排查治理情况。

（13）各级单位应建立隐患季度分析、年度总结制度，各级专业部门应定期向本级安委办报送专业隐患排查治理工作，省公司级安委办在 7 月 15 日前向公司总部报送上半年工作总结，次年 1 月 10 日前通过公文报送上年度工作总结。

（14）各级安委办按规定向国家能源局及其派出机构、地方政府有关部门报告安全隐患统计信息和工作总结。各级单位应加强内部沟通，确保报送数据的准确性和一致性。

二、重大隐患管理

（1）重大隐患应执行即时报告制度，各单位评估为重大隐患的，应于 2 个工作日内报总部相关专业部门及安委办，并向所在地区政府安全监管部门和电力安全监管机构报告。重大隐患报告内容应包括隐患的现状及其产生原因、隐患的危害程度和整改难易程度分析、隐患治理方案。

（2）重大隐患应制定治理方案。重大隐患治理方案应包括治理目标和任务、采取方法和措施、经费和物资落实、负责治理的机构和人员、治理时限和要求、防止隐患进一步发展的安全措施和应急预案等。

（3）重大隐患治理应执行"两单一表"（签发安全督办单—制定过程管控表—上报整改反馈单）制度，实现闭环监管。

1）签发安全督办单。国网安委办获知或直接发现所属单位存在重大隐患的，由安委办主任或副主任签发安全督办单，对省公司级单位整改工作进行全程督导。

2）制定过程管控表。省公司级单位在接到督办单15日内，编制安全整改过程管控表，明确整改措施、责任单位（部门）和计划节点，由安委会主任签字、盖章后报国网安委办备案，国网安委办按照计划节点进行督导。

3）上报整改反馈单。省公司级单位完成整改后 5 日内，填写安全整改反馈单，并附佐证材料，由安委会主任签字、盖章后报国网安委办备案。

4）　各级单位重大隐患排查治理情况应及时向政府负有安全生产监督管理职责的部门和本单位职工大会或职工代表大会报告。

第四节　隐患排查治理案例

【案例一】部分容器化部署系统存在关键应用服务单节点部署的隐患。

1. 隐患排查（发现）

某公司于××××年1月5日，在容器化部署系统架构专项摸排工作中，发现部分容器化部署系统存在关键应用服务单节点部署的现象。该节点异常重启时可能导致系统服务中断，按照《国家电网有限公司安全事故调查规程》

4.4.4.4 条规定"信息系统业务中断出现，一二三类信息系统业务中断，且持续时间分别为 1 小时、2 小时、4 小时的情况"，可能导致八级信息系统事件。

2. 隐患评估

隐患所在单位预评估其为一般隐患，并在 3 天后报某公司专业管理部门，公司专业管理部门在接报告后 1 周内完成专业评估及主管领导审定，最终评估并认定为一般隐患，并在确定后 1 周内反馈意见。

3. 隐患治理

隐患所在单位根据某公司专业管理部门反馈意见，计划在当年内完成治理，并同步制定防控措施：

（1）为防止改造期间发生容器平台硬件故障导致系统服务中断的情况，对容器平台进行冗余补强扩容工作，降低因平台硬件问题导致的业务系统停运风险。

（2）为控制此隐患的持续发展和扩大，将业务系统节点驱散至容器平台各节点，防止因容器平台某节点故障导致多套信息系统服务中断情况的发生。

（3）为完成此隐患的治理工作，根据前期信息系统部署架构摸排情况，制定了详细的改造方案，对于重要信息系统出具"一系统一方案"，对于可能引起信息系统服务中断的改造工作，积极与系统所属业务部门、客服沟通，做好用户解释工作，结合信息系统检修工作，分批次完成系统多节点部署改造。

××××年××月××日至××月××日,隐患所在单位对全部 31 套单节点部署信息系统进行隐患治理工作。

4. 验收销号

在隐患所在单位完成治理后，××××年××月××日，经某公司专业管理部门对部分容器化部署系统存在关键应用服务单节点的隐患（×号隐患）进行现场验收，治理方案各项措施已按要求实施，治理完成情况属实，满足安全（生产）运行要求，验收合格，治理措施已按要求实施，该隐患已消除。

【案例二】某信息系统存在越权访问漏洞可能导致数据泄露的隐患。

1. 隐患排查（发现）

某公司于××××年××月××日，在越权访问漏洞专项隐患排查工作中发现某信息系统存在该漏洞，攻击者可利用该漏洞通过普通用户登录后任意切换到其他单位组织下获取各个组织的敏感信息，并且可以以其他组织身份权限进行恶意操作等，该系统存储的用户及业务数据超 100 万条，一旦泄露将对公司生产经营产生极其恶劣的影响，不符合《国家电网有限公司网络与信息系统安全管理办法》［国网（信息/2）401-2020］第六章第二十五条规定"（四）运行过程中，各分部、公司各单位应常态展开端口排查与治理、已知漏洞排查和修复"的要求。按照《国家电网有限公司安全事故调查规程》4.4.3.1 条规定"信息系统出现下列情况之一，对公司安全生产、经营活动或社会形象造成重大影响者：（1）100 万条业务数据或用户信息泄露、丢失或被窃取、篡改"，可能导致七级信息事件。

2．隐患评估

隐患所在单位预评估其为一般隐患，并在 2 天后报某公司专业管理部门，公司专业管理部门在接报告后 3 天内完成专业评估及主管领导审定，最终评估并认定为一般隐患，并在确定后 3 天内反馈意见。

3．隐患治理

隐患所在单位计划在当年内完成治理，并同步制定防控措施：

（1）为防止此越权访问漏洞隐患可能造成的相关信息系统运行事件的发生，通过安全防护策略对短时间内高频次访问存在漏洞的功能接口的源 IP 进行合理访问限制，避免被攻击者恶意利用。

（2）为控制此隐患的持续发展和扩大，对该系统加强相关功能接口的监控，增加日常巡视频次，做好风险控制。

（3）为完成此隐患的治理工作，对该系统进行安全加固，在后端对用户身份进行判断，确认请求数据是否属于当前用户，若不属于则不返回数据，同时对相关功能接口进行身份校验，仅允许具备接口权限的用户访问相关接口。在以上两条措施的基础上，设置前端 JS 反调试，提高前端代码被调试的难度。

××××年××月××日，隐患所在单位对某信息系统存在越权访问漏洞隐患进行整改。

4．验收销号

在隐患所在单位完成治理后，××××年××月××日，经某公司专业管理部门对某信息系统存在越权访问漏洞可能导致数据泄露隐患（×号隐患）进行现场验收，治理方案各项措施已按要求实施，治理完成情况属实，满足安全（生产）运行要求，验收合格，治理措施已按要求实施，该隐患已消除。

第五章

生产现场的安全设施

安全设施是对在生产现场经营活动中将危险因素、有害因素控制在安全范围内以及预防、减少、消除危害所设置的安全标志、设备标志、安全警示线、安全防护设施等的统称。变电站内生产活动所涉及的场所、设备（设施）、检修施工等特定区域以及其他有必要提醒人们注意危险有害因素的地点，应配置标准化的安全设施。

安全设施的配置要求如下：

（1）安全设施应清晰醒目、规范统一、安装可靠、便于维护，适应使用环境要求。

（2）安全设施所用的颜色应符合 GB 2893《安全色》的规定。

（3）变电设备（设施）本体或附近醒目位置应装设设备标志牌，涂刷相色标志或装设相位标志牌。

（4）变电站设备区与其他功能区、运行设备区与改（扩）建施工区之间应装设区域隔离遮栏。不同电压等级设备区宜装设区域隔离遮栏。

（5）生产场所安装的固定遮栏应牢固，工作人员出入的门等活动部分应加锁。

（6）变电站入口应设置减速线，变电站内适当位置应设置限高、限速标志。设置标志应易于观察。

（7）变电站内地面应标注设备巡视路线和通道边缘警戒线。

（8）安全设施设置后，不应构成对人身伤害、设备安全的潜在风险或妨碍正常工作。

第一节　安　全　标　志

安全标志是指用以表达特定安全信息的标志，由图形符号、安全色、几何形状（边框）和文字构成。

一、一般规定

（1）变电站设置的安全标志包括禁止标志、警告标志、指令标志、提示标志四种基本类型和消防安全标志、道路交通标志等特定类型。

（2）安全标志一般使用相应的通用图形标志和文字辅助标志的组合标志。

（3）安全标志一般采用标志牌的形式，宜使用衬边，以使安全标志与周围环境之间形成较为强烈的对比。

（4）安全标志所用的颜色、图形符号、几何形状、文字，标志牌的材质、表面质量、衬边及型号选用、设置高度、使用要求应符合 GB 2894《安全标志及其使用导则》的规定。

（5）安全标志牌应设在与安全有关场所的醒目位置，便于进入变电站的人们看到，并有足够的时间来注意它所表达的内容。环境信息标志宜设在有关场所的入口处和醒目处；局部环境信息应设在所涉及的相应危险地点或设备（部件）的醒目处。

（6）安全标志牌不宜设在可移动的物体上，以免标志牌随母体物体相应移动，影响认读。标志牌前不得放置妨碍认读的障碍物。

（7）多个标志在一起设置时，应按照警告、禁止、指令、提示类型的顺序，先左后右、先上后下地排列，且应避免出现相互矛盾、重复的现象。也可以根据实际，使用多重标志。

（8）安全标志牌应定期检查，如发现破损、变形、褪色等不符合要求时，应及时修整或更换。修整或更换时，应有临时的标志替换，以避免发生意外伤害。

（9）设备区入口，应根据通道、设备、电压等级等具体情况，在醒目位置按配置规范设置相应的安全标志牌。如"当心触电""未经许可不得入内""禁止吸烟""必须戴安全帽"及安全距离等，并应设立限速、限高的标识（装置）。

（10）各设备间入口，应根据内部设备、电压等级等具体情况，在醒目位置按配置规范设置相应的安全标志牌。如主控制室、继电器室、通信室、自动装置室应配置"未经许可 不得入内""禁止烟火"等安全标志牌；继电器室、自动装置室应配置"禁止使用无线通信"等安全标志牌；高压配电装置室应配置"未经许可 不得入内""禁止烟火"等安全标示牌；GIS 组合电器室、SF₆ 设备室、电缆夹层应配置"禁止烟火""注意通风""必须戴安全帽"等安全标示牌。

二、禁止标志及设置规范

禁止标志是指禁止或制止人们不安全行为的图形标志。常用禁止标志名称、图形标志示例及设置规范见表 5-1。

表 5-1　　　　常用禁止标志名称、图形标志示例及设置规范

序号	名称	图形标志示例	设置范围和地点
1	禁止烟火	 禁止烟火	主控制室、继电器室、蓄电池室、通信室、自动装置室、变压器室、配电装置室、检修/试验工作场所、电缆夹层、隧道入口、危险品存放点等处
2	禁止用水灭火	 禁止用水灭火	变压器室、配电装置室、继电器室、通信室、自动装置室等处（有隔离油源设施的室内油浸设备除外）
3	禁止跨越	 禁止跨越	不允许跨越的深坑（沟）等危险场所、安全遮栏等处
4	禁止攀登	 禁止攀登	不允许攀爬的危险地点，如有坍塌危险的建筑物、构筑物等处
5	未经许可 不得入内	 未经许可 不得入内	易造成事故或对人员有伤害的场所的入口处，如高压设备室入口、消防泵室、雨淋阀室等处

续表

序号	名称	图形标志示例	设置范围和地点
6	禁止堆放	禁止堆放	消防器材存放处、消防通道、逃生通道，以及变电站主通道、安全通道等处

三、警告标志及设置规范

警告标志是指提醒人们对周围环境引起注意，以避免可能发生危险的图形标志。常用警告标志名称、图形标志示例及设置规范见表 5-2。

表 5-2　　常用警告标志名称、图形标志示例及设置规范

序号	名称	图形标志示例	设置范围和地点
1	注意安全	注意安全	易造成人员伤害的场所及设备等处
2	注意通风	注意通风	SF_6 装置室、蓄电池室、电缆夹层、电缆隧道入口等处
3	当心火灾	当心火灾	易发生火灾的危险场所，如电气检修试验、焊接及有易燃易爆物质的场所
4	当心爆炸	当心爆炸	易发生爆炸危险的场所，如易燃易爆物质的使用或受压容器等地点
5	当心触电	当心触电	设置在有可能发生触电危险的电气设备和线路，如配电装置室、断路器等处

续表

序号	名称	图形标志示例	设置范围和地点
6	当心电缆	当心电缆	暴露的电缆或地面下有电缆施工的地点
7	当心腐蚀	当心腐蚀	蓄电池室内墙壁等处
8	止步 高压危险	止步 高压危险	带电设备固定遮栏上，室外带电设备构架上，高压试验地点安全围栏上，因高压危险禁止通行的过道上，工作地点邻近室外带电设备的安全围栏上，工作地点邻近带电设备的横梁上等处

四、指令标志及设置规范

指令标志是指强制人们必须做出某种动作或采用防范措施的图形标志。常用指令标志名称、图形标志示例及设置规范见表 5-3。

表 5-3　　常用指令标志名称、图形标志示例及设置规范

序号	名称	图形标志示例	设置范围和地点
1	必须戴安全帽	必须戴防毒面具	设置在生产现场（办公室、主控制室、值班室和检修班组室除外）
2	必须戴防护手套	必须戴防护手套	设置在易伤害手部的作业场所，如具有腐蚀、污染、灼烫、冰冻及触电危险的作业地点
3	必须穿防护鞋	必须穿防护鞋	设置在易伤害脚部的作业场所，如具有腐蚀、灼烫、触电、砸（刺）伤等危险的作业地点

五、提示标志及设置规范

提示标志是指向人们提供某种信息（如标明安全设施或场所等）的图形标志。常用提示标志名称、图形标志示例及设置规范见表5-4。

表5-4　　　　常用提示标志名称、图形标志示例及设置规范

序号	名称	图形标志示例	设置范围和地点
1	在此工作	在此工作	工作地点或检修设备上
2	从此上下	从此上下	工作人员可以上下的铁（构）架、爬梯上
3	从此进出	从此进出	工作地点遮栏的出入口处
4	紧急洗眼水		悬挂在从事酸、碱工作的蓄电池室、化验室等洗眼水喷头旁
5	安全距离	220kV 设备不停电时的安全距离	根据不同电压等级标示出人体与带电体最小安全距离。设置在设备区入口处

六、消防安全标志及设置规范

消防安全标志是指用来表达与消防有关的安全信息，由安全色、边框、以图像为主要特征的图形符号或文字构成的标志。

在变电站的主控制室、继电器室、通信室、自动装置室、变压器室、配电装置室、电缆隧道等重点防火部位入口处以及储存易燃易爆物品仓库门口处应合理配置灭火器等消防器材，在火灾易发生部位设置火灾探测和自动报警装置。

各生产场所应有逃生路线的标志，楼梯主要通道门上方或左（右）侧装设紧急撤离提示标志。

常用消防安全标志名称、图形标志示例及设置规范见表5-5。

表 5-5　　　常用消防安全标志名称、图形标志示例及设置规范

序号	名称	图形标志示例	设置范围和地点
1	消防手动启动器		依据现场环境，设置在适宜、醒目的位置
2	火警电话		依据现场环境，设置在适宜、醒目的位置
3	消火栓箱		设置在生产场所构筑物内的消火栓处
4	地上消火栓		固定在距离消火栓 1m 的范围内，不得影响消火栓的使用
5	地下消火栓		固定在距离消火栓 1m 的范围内，不得影响消火栓的使用
6	灭火器		悬挂在灭火器、灭火器箱的上方或存放灭火器、灭火器箱的通道上。泡沫灭火器器身上应标注"不适用于电火"字样
7	消防水带		指示消防水带、软管卷盘或消防栓箱的位置

续表

序号	名称	图形标志示例	设置范围和地点
8	灭火设备或报警装置的方向		指示灭火设备或报警装置的方向
9	疏散通道方向		指示到紧急出口的方向。用于电缆隧道指向最近出口处
10	紧急出口		便于安全疏散的紧急出口处，与方向箭头结合设在通向紧急出口的通道、楼梯口等处
11	消防水池	1号消防水池	装设在消防水池附近醒目位置，并应编号
12	消防沙池（箱）	1号消防沙池	装设在消防沙池（箱）附近醒目位置，并应编号
13	防火墙	1号防火墙	在变电站的电缆沟（槽）进入主控制室、继电器室处和分接处、电缆沟每间隔约60m处应设防火墙，将盖板涂成红色，标明"防火墙"字样，并应编号

七、道路交通标志及设置规范

道路交通标志是用来管制及引导交通的一种安全管理设施，是用文字和符号传递引导、限制、警告或指示信息的道路设施。

限制高度标志表示禁止装载高度超过标志所示数值的车辆通行。

限制速度标志表示该标志至前方解除限制速度标志的路段内，机动车行驶速度（单位为km/h）不准超过标志所示数值。

变电站道路交通标志名称、图形标志示例及设置规范见表5-6。

表 5-6　　　　变电站道路交通标志名称、图形标志示例及设置规范

序号	名称	图形标志示例	设置范围和地点
1	限制高度标志		变电站入口处、不同电压等级设备区入口处等最大容许高度受限制地方
2	限制速度标志		变电站入口处、变电站主干道及转角处等需要限制车辆速度的路段起点

第二节　安全防护设施

一、安全警示线

一般规定如下：

（1）安全警示线用于界定和分割危险区域，向人们传递某种注意或警告的信息，以避免人身伤害。安全警示线包括禁止阻塞线、减速提示线、安全警戒线、防止碰头线、防止绊跤线、防止踏空线和生产通道边缘警戒线等。

（2）安全警示线一般采用黄色或与对比色（黑色）同时使用。

安全警示线名称、图形标志示例及设置规范见表 5-7。

表 5-7　　　　安全警示线名称、图形标志示例及设置规范

序号	名称	图形标志示例	设置范围和地点
1	禁止阻塞线		（1）标注在地下设施入口盖板上。（2）标注在主控制室、继电器室门内外；消防器材存放处；防火重点部位进出通道。（3）标注在通道旁边的配电柜前（800mm）。（4）标注在其他禁止阻塞的物体前
2	减速提示线		标注在变电站站内道路的弯道、交叉路口和变电站进站入口等限速区域的入口处

续表

序号	名称	图形标志示例	设置范围和地点
3	安全警戒线		（1）设置在控制屏（台）、保护屏、配电屏和高压开关柜等设备周围。 （2）安全警戒线至屏面的距离宜为 300～800mm，可根据实际情况进行调整
4	防止碰头线		标注在人行通道高度小于 1.8m 的障碍物上
5	防止绊跤线		（1）标注在人行横道地面上高差 300mm 以上的管线或其他障碍物上。 （2）采用 45°间隔斜线（黄/黑）排列进行标注
6	防止踏空线		（1）标注在上下楼梯第一级台阶上。 （2）标注在人行通道高差 300mm 以上的边缘处
7	生产通道边缘警戒线		（1）标注在生产通道两侧。 （2）为保证夜间可见性，宜采用道路反光漆或强力荧光油漆进行涂刷
8	设备区巡视路线		标注在变电站室内外设备区道路或电缆沟盖板上

二、安全防护设施

安全防护设施是指防止外因引发的人身伤害、设备损坏而配置的防护装置和用具。

一般规定如下：

（1）安全防护设施用于防止外因引发的人身伤害，包括安全帽、安全工器具柜（室）、安全工器具试验合格证标志牌、固定防护遮栏、区域隔离遮栏、临时遮栏（围栏）、红布幔、孔洞盖板、爬梯遮栏门、防小动物挡板、防误闭锁解锁钥匙箱等设施和用具。

（2）工作人员进入生产现场，应根据作业环境中所存在的危险因素，穿戴或使用必要的防护用品。

安全防护设施名称、图形标志示例及配置规范见表 5-8。

表 5-8　　　　安全防护设施名称、图形标志示例及配置规范

序号	名称	图形标志示例	设置范围和地点
1	安全帽	**安全帽背面**	（1）安全帽用于作业人员头部防护，任何人进入生产现场（办公室、主控制室、值班室和检修班组室除外），应正确佩戴安全帽。 （2）安全帽应符合 GB 2811《安全帽》的规定。 （3）安全帽前面有国家电网标志，后面为单位名称及编号，并按编号定置存放。 （4）安全帽实行分色管理。红色安全帽为管理人员使用，黄色安全帽为运维人员使用，蓝色安全帽为检修（施工、试验等）人员使用，白色安全帽为外来参观人员使用
2	安全工器具柜（室）		（1）变电站应配备足量的专用安全工器具柜。 （2）安全工器具柜应满足国家、行业标准及产品说明书关于保管和存放的要求。 （3）安全工器具柜（室）宜具有温度、湿度监控功能，满足温度为 -15～35℃、相对湿度为 80% 以下，保持干燥通风的基本要求

序号	名称	图形标志示例	设置范围和地点
3	安全工器具试验合格证标志牌	安全工器具试验合格证 名称_____编号_____ 试验日期____年__月__日 下次试验日期____年__月__日	（1）安全工器具试验合格证标志牌贴在经试验合格的安全工器具醒目处。 （2）安全工器具试验合格证标志牌可采用粘贴力强的不干胶制作，规格为 60mm×40mm
4	接地线标志牌及接地线存放地点标志牌	01　号接地线 编号：01 电压：220kV ××变电站 D_1　D	（1）接地线标志牌固定在接地线接地端线夹上。 （2）接地线标志牌应采用不锈钢板或其他金属材料制成，厚度为 1.0mm。 （3）接地线标志牌尺寸为 $D = 30 \sim 50mm$，$D_1 = 2.0 \sim 3.0mm$。 （4）接地线存放地点标志牌应固定在接地线存放醒目位置
5	固定防护遮栏		（1）固定防护遮栏适用于落地安装的高压设备周围及生产现场平台、人行通道、升降口、大小坑洞、楼梯等有坠落危险的场所。 （2）用于设备周围的遮栏高度不低于 1700mm，设置供工作人员出入的门并上锁；防坠落遮栏高度不低于 1050mm，并装设不低于 100mm 的护板。 （3）固定遮栏上应悬挂安全标志，位置根据实际情况而定。 （4）固定遮栏及防护栏杆、斜梯应符合规定，其强度和间隙满足防护要求。 （5）检修期间需将栏杆拆除时，应装设临时遮栏，并在检修工作结束后将栏杆立即恢复
6	区域隔离遮栏		（1）区域隔离遮栏适用于设备区与生活区的隔离、设备区间的隔离、改（扩）建施工现场与运行区域的隔离，也可装设在人员活动密集场所周围。 （2）区域隔离遮栏应采用不锈钢或塑钢等材料制作，高度不低于 1050mm，其强度和间隙满足防护要求

续表

序号	名称	图形标志示例	设置范围和地点
7	临时遮栏（围栏）		（1）临时遮栏（围栏）适用于下列场所： 1）有可能高处落物的场所。 2）检修、试验工作现场与运行设备的隔离。 3）检修、试验工作现场规范工作人员活动范围。 4）检修现场安全通道。 5）检修现场临时起吊场地。 6）防止其他人员靠近的高压试验场所。 7）安全通道或沿平台等边缘部位，因检修拆除常设栏杆的场所。 8）事故现场保护。 9）需临时打开的平台、地沟、孔洞盖板周围等。 （2）临时遮栏（围栏）应采用满足安全、防护要求的材料制作。有绝缘要求的临时遮栏应采用干燥木材、橡胶或其他坚韧绝缘材料制成。 （3）临时遮栏（围栏）高度为1050~1200mm，防坠落遮栏应在下部装设不低于180mm高的挡脚板。 （4）临时遮栏（围栏）强度和间隙应满足防护要求，装设应牢固可靠。 （5）临时遮栏（围栏）应悬挂安全标志，位置根据实际情况而定
8	红布幔		（1）红布幔适用于变电站二次系统上进行工作时，将检修设备与运行设备前后以明显的标志隔开。 （2）红布幔尺寸一般为2400mm×800mm、1200mm×800mm、650mm×120mm，也可根据现场实际情况制作。 （3）红布幔上印有运行设备字样，白色黑体字，布幔上下或左右两端设有绝缘隔离的磁铁或挂钩
9	孔洞盖板		（1）适用于生产现场需打开的孔洞。 （2）孔洞盖板均应为防滑板，且应覆以与地面齐平的坚固的有限位的盖板。盖板边缘应大于孔洞边缘100mm，限位块与孔洞边缘距离不得大于25~30mm，网络板孔眼不应大于50mm×50mm。 （3）在检修工作中如需将盖板取下，应设临时围栏。临时打开的孔洞，施工结束后应立即恢复原状；夜间不能恢复的，应加装警示红灯。 （4）孔洞盖板可制成与现场孔洞互相配合的矩形、正方形、圆形等形状，选用镶嵌式、覆盖式，并在其表面涂刷45°黄黑相间的等宽条纹，宽度宜为50~100mm。 （5）盖板拉手可做成活动式，便于钩起

续表

序号	名称	图形标志示例	设置范围和地点
10	爬梯遮栏门	编号	（1）应在禁止攀登的设备、构架爬梯上安装爬梯遮栏门，并予编号。 （2）爬梯遮栏门为整体不锈钢或铝合金板门，其高度应大于工作人员的跨步长度，宜设置为800mm左右，宽度应与爬梯保持一致。 （3）在爬梯遮栏门正门应装设"禁止攀登高压危险"的标志牌
11	防小动物挡板		（1）在各配电装置室、电缆室、通信室、蓄电池室、主控制室和继电器室等出入口处，应装设防小动物挡板，以防止小动物短路故障引发的电气事故。 （2）防小动物挡板宜采用不锈钢、铝合金等不易生锈、变形的材料制作，高度应不低于400mm，其上部应设有 45°黑黄相间色斜条防止绊跤线标志，标志线宽宜为 50～100mm
12	防误闭锁解锁钥匙箱		（1）防误闭锁解锁钥匙箱是将解锁钥匙存放其中并加封，根据规定执行手续后使用。 （2）防误闭锁解锁钥匙箱为木质或其他材料制作，前面部为玻璃面，在紧急情况下可将玻璃破碎，取出解锁钥匙使用。 （3）防误闭锁解锁钥匙箱存放在变电站主控制室
13	防毒面具和正压式消防空气呼吸器	过滤式防毒面具	（1）变电站应按规定配备防毒面具和正压式消防空气呼吸器。 （2）过滤式防毒面具是在有氧环境中使用的呼吸器。 （3）过滤式防毒面具应符合 GB 2890《呼吸防护 自吸过滤式防毒面具》的规定。使用时，空气中氧气浓度不低于 18%，温度为 −30～45℃，且不能用于槽、罐等密闭容器环境。

序号	名称	图形标志示例	设置范围和地点
13	防毒面具和正压式消防空气呼吸器	正压式消防空气呼吸器	（4）过滤式防毒面具的过滤剂有一定的使用时间，一般为 30~100min。过滤剂失去过滤作用（面具内有特殊气味）时，应及时更换。 （5）过滤式防毒面具应存放在干燥、通风，无酸、碱、溶剂等物质的库房内，严禁重压。防毒面具的滤毒罐（盒）的储存期为 5 年（3 年），过期产品应经检验合格后方可使用。 （6）正压式消防空气呼吸器是用于无氧环境中的呼吸器。 （7）正压式消防空气呼吸器应符合 GA 124《正压式消防空气呼吸器》的规定。 （8）正压式消防空气呼吸器在贮存时应装入包装箱内，避免长时间曝晒，不能与油、酸、碱或其他有害物质共同贮存，严禁重压

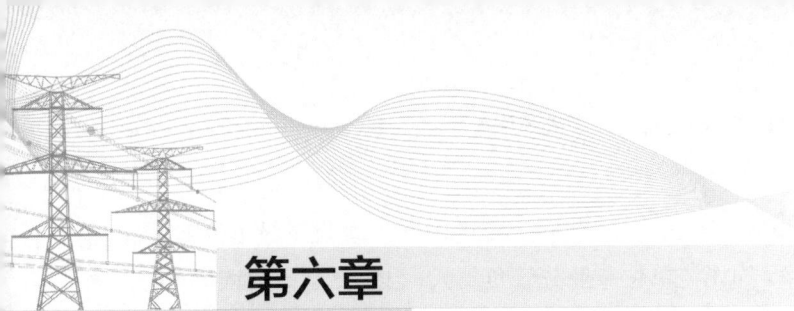

第六章

典型违章举例与事故案例分析

第一节 典型违章举例

一、国家电网有限公司反违章工作要求

为切实保障作业人身安全，落实《关于进一步优化提升反违章工作的意见》（国家电网安监〔2024〕368 号）要求，按照"聚焦人身、精简数量、加重处罚"原则，突出查纠人身事故同因违章，突出防范重特大事故，对严重违章条款作出优化调整。

（1）严格严重违章认定。优化调整严重违章认定标准，将造成历年人身事故最多的"无计划作业""作业人员不清楚工作任务、工作范围、危险点""超出作业范围未经审批""作业点未在接地保护范围""高处作业失去保护"等"五大恶因"违章和其他存在直接造成人身事故风险的违章，以及违反"十不干"和各专业安全管理红线禁令的违章认定为严重违章。本次优化调整后，严重违章由 237 项（Ⅰ类 30 项、Ⅱ类 64 项、Ⅲ类 143 项）精减到 35 项，不再区分Ⅰ～Ⅲ类。原严重违章条款在本次调整中未保留为严重违章的，按照一般违章管理。要严格执行公司统一发布的严重违章认定标准，不得扩大严重违章范围或另行制定"红线违章""恶性违章"等认定标准。

（2）严格严重违章惩治。总部查出的严重违章，对责任人和负有管理责任的人员对照《安全工作奖惩规定》（国家电网企管〔2020〕40 号）关于五级安全事件的惩处措施处罚。总部查出的严重违章纳入省公司级单位企业负责人业绩考核，其中对作业实施单位的上级省公司按主要责任考核，对监理、建设（检修）管理单位的上级省公司按次要责任考核。落实"严控严防重特大人身事故硬措施"不到位的违章，按照严重违章处罚，该类违章以及已经造成事故（事件）的严重违章不适用"查三免一"。同一年度内同一省公司级单位被总部查出的第一起严重违章，约谈该单位专业分管负责人，自第二起始约谈该单位"一把手"。

二、严重违章介绍

国家电网有限公司最新 35 项严重违章条款如下，同时梳理了信息专业对应此条款存在的风险点，共涉及严重违章 9 项。

序号	严重违章条款	严重违章释义	信息专业风险点
1	无计划作业	（1）安全风险管控监督平台无日作业计划（含临时计划、抢修计划）。 （2）安全风险管控监督平台中日计划未开工，现场已开展作业；现场作业过程中，计划状态为取消、完工等状态	（1）信息作业在安全风险管控监督平台（数智安全管理平台）上无对应作业计划。 （2）数智安全管理平台中作业状态与实际不符
2	作业人员不清楚工作任务、工作范围、危险点	（1）工作负责人（作业负责人）不了解现场所有的工作内容，不掌握危险点及安全防控措施。 （2）专责监护人不掌握监护范围内的工作内容、危险点及安全防控措施。 （3）作业人员不熟悉本人参与的工作内容，不掌握危险点及安全防控措施	工作负责人仅履行工作票流程内容，对作业实际内容不清楚，不了解系统状况，对工作班成员不了解。需重点关注信息专业合并类的工作，临时参加或新增作业的工作负责人、工作班成员
3	超出作业范围未经审批	（1）在原工作票的停电及安全措施范围内增加工作任务时，未征得工作票签发人和工作许可人同意，未在工作票上填工作项目。 （2）原工作票增加工作任务需变更或增设安全措施时，未重新办理新的工作票，并履行签发、许可手续	临时新增工作任务未履行相关审批手续
4	作业点不在接地保护范围	（1）装设接地线（接地开关）前未验电。 （2）停电工作的设备或地段，可能来电（包括反送电）的各方未在正确位置装设接地线（接地开关）。 （3）作业人员擅自移动、拆除接地线（接地开关）。 （4）配合停电的线路未在交叉跨越或邻近线路处附近装设接地线。 （5）在平行或邻近带电设备、交叉跨越或同杆架设等易产生感应电压的地点工作，未加装工作接地线或个人保安线。 （6）耐张塔挂线前，未使用导体将耐张绝缘子串短接。 （7）放线区段有跨越、平行带电线路时，牵引机及张力机出线端的导（地）线及牵引绳上未安装接地滑车	信息专业一般不涉及
5	高处作业失去保护	（1）高处作业人员在上下、转移作业位置时，失去安全保护。 （2）高处作业未搭设脚手架，未使用高空作业车、升降平台或采取其他防止坠落措施。 （3）在深基坑口、坝顶、陡坡、屋顶、悬崖、杆塔、吊桥以及其他危险的边沿进行工作，临空一面未装设安全网或防护栏杆，或作业人员未使用安全带	信息专业一般不涉及

续表

序号	严重违章条款	严重违章释义	信息专业风险点
6	无票作业	（1）未按照安规规定使用工作票（施工作业票）、操作票、事故紧急抢修单、作业申请单。 （2）未根据值班调控人员或运维负责人正式发布的指令进行倒闸操作。 （3）在油罐区、注油设备、电缆间、计算机房、换流站阀厅等防火重点部位（场所）以及政府部门、本单位划定的禁止明火区动火作业时，未使用动火票。 （4）未针对跨越架搭设拆除、跨越封网等作业，办理被跨越电力线路的第一种工作票（停电情况）或第二种工作票（不停电情况）	（1）未按规定使用工作票，特别注意应该用信息工作票的工作，仅使用信息工作任务单。 （2）抢修作业无工作票
7	票面（包括作业票、工作票及分票、动火票、操作票等）关键内容缺失或错误	（1）操作票操作设备双重名称，拉合断路器、隔离开关的顺序以及位置检查、验电、装拆接地线（拉合接地开关）、投退保护连接片（软压板）等关键内容遗漏或错误。 （2）工作票（含分票、工作任务单、动火票等）票面缺少工作许可人、工作负责人、工作票签发人、工作班成员（含新增人员）等签字信息。票面线路名称（含同杆多回线路双重称号）、设备双重名称填写错误。票面防触电、防高坠、防倒（断）杆、防窒息等重要安全技术措施遗漏或错误。工作票延期、工作负责人变更等未在票面上准确记录。作业票缺少审核人、签发人、作业人员（含新增人员）等签字信息。 （3）操作票发令、操作开始、操作结束时间以及工作票（含分票、工作任务单、动火票、作业票等）签发、许可、计划开工、结束时间存在逻辑错误或与实际不符	（1）票面缺少关键信息，例如缺少涉及的系统、服务器 IP，机柜设备等。缺少工作班成员签字，特别是新增的工作班成员未进行安全交底，未在数智安全管理平台中进行新增。 （2）工作延期未履行延期手续
8	工作负责人（作业负责人、专责监护人）不在现场	（1）工作负责人（作业负责人、专责监护人）未到作业现场。 （2）工作负责人（作业负责人）暂时离开作业现场时，未指定能胜任的人员临时代替；或长时间离开作业现场时，未由原工作票签发人变更工作负责人。 （3）专责监护人临时离开作业现场时，未通知被监护人员停止作业；或长时间离开作业现场时，未由工作负责人变更专责监护人。 （4）劳务分包人员担任工作负责人（作业负责人）	（1）工作负责人不在现场未及时变更工作负责人。 （2）工作票中明确了专责监护人，但人员不在现场
9	未经许可即开始工作；全部工作未结束即办理终结手续	（1）公司系统电网生产作业未经调度管理部门或设备运维管理单位许可，擅自开始工作。 （2）在用户设备上工作，许可工作前，工作负责人未检查确认用户设备的运行状态、安全措施是否符合作业的安全要求。 （3）多小组工作，小组负责人未得到工作负责人的许可即开始工作；工作负责人未得到所有小组负责人工作结束的汇报，就与工作许可人办理工作终结手续	未经工作许可就开工。特别注意信息作业，授权后的账号，未到工作开始时间，提前进行除备份外的操作
10	约时停、送电；带电作业约时停用或恢复重合闸	（1）电力线路或电气设备的停、送电未按照值班调控人员或工作许可人的指令执行，采取约时停、送电的方式进行倒闸操作。 （2）需要停用重合闸或直流线路再启动功能的带电作业未由值班调控人员履行许可手续，采取约时方式停用或恢复重合闸或直流线路再启动功能	信息专业一般不涉及

续表

序号	严重违章条款	严重违章释义	信息专业风险点
11	应用未用或使用不合格的安全工器具	（1）在高处作业、垂直交叉作业、立杆架线、起重吊装等存在高坠、物体打击风险的作业区域内，人员未佩戴安全帽。 （2）操作没有机械传动的断路器（开关）、隔离开关（刀闸）或跌落式熔断器，未使用绝缘棒。 （3）应用未用或使用的个体防护装备（安全带、安全绳、静电防护服、防电弧服、屏蔽服装等）、绝缘安全工器具[验电器、接地线、绝缘手套（高压）、绝缘靴、绝缘杆、绝缘遮蔽罩、绝缘隔板等]等专用工具和器具未检测或检测结果不合格	（1）应佩戴安全帽的场合，未佩戴安全帽。 （2）安全带、梯子、安全绳等未检验或检验超期
12	人员资质不符合现场作业要求	（1）现场作业人员、监理人员未经安全准入考试并合格。 （2）不具备"三种人"资格的人员担任工作票签发人、工作负责人或许可人。 （3）特种设备作业人员、特种作业人员、危险化学品从业人员未依法取得资格证书	（1）作业人员未经准入合格。特别注意已完成准入考试但资质过期，数智安全管理平台中人员状态为红码的人员，以及准入专业与作业专业不一致的情况。 （2）"三种人"不具备资质，特别注意专业外包单位工作负责人"三种人"资质过期的情况，要注意数智安全管理平台中三种人信息更新。 （3）特种作业人员证书未依法取得，应急管理厅官网无法查询，特别注意政府部门认可的技能类证书不能代替特种作业证书。证书类型与作业类型应保持一致，例如高压电工证不能从事低压作业
13	未计算拉线、地锚受力情况和近电作业安全距离情况	（1）抱杆、牵张机、索道设备的地锚、拉线，铁塔锚固、导地线锚固的地锚、拉线受力情况未经过验算。 （2）在带电设备附近作业前，未根据带电体安全距离要求，对施工作业中可能进入安全距离内的人员、机具、构件等进行计算校核；或校核结果与现场实际不符，不满足安全要求时未采取有效措施。 （3）地锚、拉线未经验收合格即投入使用	信息专业一般不涉及
14	专项施工方案未按规定编制审批	（1）对"超过一定规模的危险性较大的分部分项工程"（含大修、技改等项目），未组织编制专项施工方案（含安全技术措施），未按规定论证和审批。 （2）针对《国家电网有限公司关于印发严防严控重特大人身事故硬措施通知》（国家电网安监〔2024〕433号）要求混凝土建（构）筑物垮塌、脚手架整体倒塌、深基坑及边坡施工等12类典型场景作业，未按规定编制、论证和审批专项施工方案	信息专业一般不涉及

续表

序号	严重违章条款	严重违章释义	信息专业风险点
15	重要工序、关键环节作业未按施工方案或规定程序开展	（1）电网建设工程施工重要工序及关键环节未按施工方案中作业方法、标准或规定程序开展作业。 （2）针对《国家电网有限公司关于印发严控严防重特大人身事故硬措施通知》中 15 类典型作业场景，未按规定落实强制措施	信息专业一般不涉及
16	擅自解除带电部位隔离措施	（1）擅自开启高压开关柜门、检修小窗。 （2）高压开关柜内手车开关拉出后，隔离带电部位的挡板未可靠封闭或擅自开启隔离带电部位的挡板。 （3）擅自移动绝缘挡板（隔板）	信息专业一般不涉及
17	电容性设备未充分放电	（1）电缆及电容器接地前未逐相充分放电，星形接线电容器的中性点未接地、串联电容器及与整组电容器脱离的电容器未逐个多次放电，装在绝缘支架上的电容器外壳未放电。 （2）高压试验变更接线或试验结束时，未将升压设备的高压部分放电、短路接地。未装接地线的大电容被试设备未先行放电再做试验	信息专业一般不涉及
18	在带电设备周围违规使用金属器具	（1）在带电设备周围使用钢卷尺、皮卷尺和线尺（夹有金属丝者）进行测量工作。 （2）在变、配电站（开关站）的带电区域内或邻近带电线路处，使用金属梯子、金属脚手架	信息专业一般不涉及
19	大型机械在运行站内或邻近带电线路处违规作业	（1）在运行站内使用起重机、高空作业车、挖掘机等大型机械开展作业前，施工方案未经设备运维单位批准。 （2）未经设备运维单位批准，擅自改变运行站内起重机、高空作业车、挖掘机等大型机械的工作内容、工作方式、行进路线、作业地点等。 （3）近电作业起重机、高空作业车未接地。 （4）近电吊装作业人员徒手扶持吊件	信息专业一般不涉及
20	立（拆）杆塔、架（撤）线作业未按规定采取防倒杆塔措施	（1）地脚螺栓与螺母型号不匹配。 （2）耐张杆塔非平衡紧挂线、撤线前，未设置杆塔临时拉线或其他补强措施。 （3）在永久拉线未全部安装完成的情况下就拆除临时拉线。 （4）拉线塔分解拆除时未先将原永久拉线更换为临时拉线再进行拆除作业。 （5）杆塔整体拆除时，未增设拉线控制倒塔方向。 （6）带张力断线或采用突然剪断导、地线的做法松线。 （7）杆塔上有人时，调整或拆除拉线。 （8）紧断线平移导线挂线作业未采取交替平移子导线的方式	信息专业一般不涉及
21	采用正装法对接组立悬浮抱杆	略	信息专业一般不涉及
22	牵引过程中人员处于受力绳索内角侧或直接拉拽受力导、引线	（1）牵引过程中作业人员站在或跨在已受力的牵引绳、起吊绳、导地线的内角侧以及展放的线圈内。 （2）放线、紧线，遇导、地线有卡、挂住现象，未松线后处理，操作人员站在线弯的内角侧，用手直接拉、推导地线	信息专业一般不涉及

续表

序号	严重违章条款	严重违章释义	信息专业风险点
23	跨越施工未采取跨越架、封网等安全措施	跨越带电线路、电气化铁路、高速公路、通航河流展放导（地）线作业，未采取跨越架、封网等安全措施，或跨越架、封网未经验收合格即投入使用	信息专业一般不涉及
24	货运索道载人或超载使用	物料提升系统、货运小车等非载人提升设施及货运索道载人	信息专业一般不涉及
25	起重吊装作业未采取防倾倒措施，超限吊装	（1）起重设备、受力工器具（抱杆连接螺栓、吊索具、卸扣等）超负荷使用。 （2）起重机车轮、支腿或履带的前端、外侧与沟、坑边缘的距离小于沟、坑深度的 1.2 倍时，未采取防倾倒、防坍塌措施。 （3）吊车未安装限位器	信息专业一般不涉及
26	起重作业无专人指挥	以下起重作业无专人指挥： （1）被吊重量达到起重作业额定起重量的 80%。 （2）两台及以上起重机械联合作业。 （3）起吊精密物件、不易吊装的大件或在复杂场所（人员密集区、场地受限或存在障碍物）进行大件吊装。 （4）起重机械在邻近带电区域作业。 （5）易燃易爆品必须起吊时。 （6）起重机械设备自身的安装、拆卸。 （7）新型起重机械首次在工程上应用	信息专业一般不涉及
27	对带有压力的设备开展拆解作业前未泄压	略	信息专业一般不涉及
28	平衡挂线时，在同一相邻耐张段的同相导线上进行其他作业	略	信息专业一般不涉及
29	高空锚线未设置二道保护措施	（1）平衡挂线、导地线更换作业过程中，高空锚线未设置二道保护措施。 （2）更换绝缘子串和移动导线作业过程中，采用单吊（拉）线装置时，未设置防导线脱落的后备保护措施	信息专业一般不涉及
30	有限空间作业未执行"先通风、再检测、后作业"要求；未正确设置监护人；未配置或不正确使用安全防护装备、应急救援装备	（1）有限空间［电缆井、电缆隧道、深度超过 2m 的基坑及沟（槽）内且相对密闭、容易聚集易燃易爆及有毒气体］作业前未通风、未检测。 （2）在有限空间内作业期间，气体检测浓度高于规定要求，冒险作业。 （3）未根据有限空间作业环境和作业内容，配备气体检测设备、呼吸防护用品、坠落防护用品、其他个体防护用品和通风设备、照明设备、通信设备以及应急救援装备等。 （4）有限空间作业未在入口处设置监护人或监护人擅离职守	信息专业一般不涉及

续表

序号	严重违章条款	严重违章释义	信息专业风险点
31	危险性较大的施工平台无施工方案、超载使用	（1）悬吊式作业平台、混凝土承重支撑架、24m以上落地脚手架无施工方案，使用前未经监理验收即投入使用。 （2）吊篮、悬吊式作业平台未设置限位装置，在作业面下方涉及危险部位、设备设施安全防护、交叉作业等情况的未设置下限位装置。 （3）吊篮、悬吊式作业平台、混凝土承重支撑架、24m以上落地脚手架超载使用或荷载严重不均。 （4）脚手架拆除作业未按自上而下的顺序进行，采用上下层同时作业、自下而上或推倒的方式拆除脚手架	信息专业一般不涉及
32	硐室及高边坡施工未进行安全监测、支护不及时	（1）硐室开挖未按照规范要求进行超前地质预报，未对硐室围岩稳定情况进行安全确认。 （2）硐室和高边坡开挖未按照规范要求进行安全监测和观测分析。 （3）硐室开挖爆破后，未根据作业面裸露围岩情况采取随机支护措施或未按照设计要求进行跟进支护的情况下，擅自进行下道工序施工。 （4）对断层、裂隙、破碎带等不良地质构造的高边坡，未按设计要求采取锚喷或加固等支护措施。 （5）强降雨或长时间降雨后，未检查确认护坡稳定性即进入护坡下方	信息专业一般不涉及
33	模板支架拆除时混凝土强度未达到设计或规范要求	（1）高支模混凝土施工中，混凝土强度未达到设计要求时，拆除模板。 （2）模板滑升、混凝土出模时，混凝土发生流淌或局部塌落现象。 （3）模板爬升时，承载体受力处的混凝土强度小于10MPa，或不满足设计要求	信息专业一般不涉及
34	进入水轮机（水泵）内部、检修主进水阀未隔离水源	（1）进入水轮机（水泵）内部工作时，未严密关闭进水闸门（或进水阀），并保持输水管道排水阀和蜗壳排水阀全开启；未切断调速器操作油压；未切断水导轴承油（水）源、主轴密封润滑水源和调相充气气源等。 （2）进水阀检修时，未严密关闭进水口检修闸门及尾水闸门，切断闸门的操作源，做好彻底隔离水源措施；未关闭所有可能向检修区域管道来压（油、水、气）的管路阀门；未打开上游输水管道、蜗壳排水阀；对带有配重块的进水球阀拐臂，检修拐臂时未做好防止配重块坠落的安全措施	信息专业一般不涉及
35	水电工程竖（斜）井作业关键部位未防护、封闭	（1）竖（斜）井施工未对洞口采取防护措施。 （2）竖（斜）井导井口未封闭（溜渣、爆破作业时除外）。 （3）竖（斜）井内上下层同时作业	信息专业一般不涉及

三、一般违章

一般违章条款无完整清单，现将原典型违章库（网络信息部分）在 2024年 8 月的调整中未保留为严重违章的条目整理如下，共计 40 项。

（1）信息系统未按要求开展网络安全等级保护定级、备案和测评工作。

（2）将高风险作业定级为低风险。

（3）网络边界未按要求部署安全防护设备并定期进行特征库升级；研发环境安全防护缺失，未部署防火墙等安全设备。

（4）留存的相关网络日志少于六个月。

（5）未经批准，向外部单位提供公司的涉密数据和重要数据；未经审批，私自将重要数据存储于互联网企业平台。

（6）程序开发代码中私设恶意及与功能无关的程序；引入留有后门、存在漏洞的开源代码。

（7）检修工作前，未确认网络设备、安全设备、主机设备、存储设备、数据库、中间件所承载的业务可停用或已转移，就直接进行关闭或停运操作。

（8）升级操作系统、数据库或中间件版本前，未测试其兼容性及对业务系统的影响。

（9）检修前，未确认与检修设备具有冗余关系的其余主机、节点、通道或电源运行正常，就直接将检修设备切换成检修状态。

（10）检修前，未对作业人员进行身份鉴别或未按照权限最小化原则进行授权。

（11）检修前，未对可能受影响的配置文件、业务数据、运行参数和日志文件等进行备份。

（12）在更换网络设备、安全设备、主机设备、存储设备等热插拔部件或内部板卡等配件时，未做好防静电措施。

（13）检修作业未经信息系统调度机构批准，擅自开（完）工、取消、变更或延长检修时间。

（14）由于信息系统检修等原因临时开放的账号、临时开通的设备访问控制策略与端口，在操作结束后未履行注销手续。

（15）同一张工作票，工作许可人与工作负责人互相兼任。

（16）同一张信息工作任务单中，工作票签发人与工作负责人互相兼任。

（17）一个工作负责人同时执行多张信息工作票（工作任务单）。

（18）工作负责人变更情况未记录在信息工作票备注栏中；工作班成员变更，工作负责人未记录在工作票备注栏中或新的作业人员未签名。

（19）新接入负载时，未检查电源负载能力；不间断电源设备断电检修前，未确认负荷已经转移或关闭。

（20）网络设备、安全设备、主机设备或存储设备检修工作终结时，未验证设备及所承载的业务运行正常。

（21）需停电更换主机设备或存储设备的内部板卡等配件的工作，未断开外部电源连接线，未做好防静电措施。

（22）互联网大区使用的无线网络未在信息化管理部门备案；管理信息大区业务系统使用无线网络传输业务信息时，不具备接入认证、加密等安全机制。

（23）等级保护测评发现的问题，未及时完成整改。

（24）未经信息运维单位（部门）批准，擅自将业务系统、设备接入公司网络。

（25）擅自开放涉及端口黑名单的端口。

（26）未按要求制定重大活动网络安全保障工作方案，未按照保障方案落实相关措施。

（27）在信息内、外网之间交叉使用终端设备。

（28）通过互联网等公共网络实施信息系统维护工作；未通过堡垒机或相关运维审计系统开展远程及现场信息系统作业；信息系统远程或现场运维未使用运维专机。

（29）未经审批，私自将信息系统或研发测试系统部署在互联网企业平台上；将代码或资料托管在百度云等网盘或 Github 等第三方代码托管平台。

（30）未通过红线指标验证，将信息系统上线试运行。

（31）未定期备份重要信息系统的配置、业务数据。

（32）信息系统的账号、权限未按用户角色分配；口令未按照密码复杂性要求配置；信息系统上线前，未删除临时账号，未修改系统账号默认口令；未及时注销或调整过期账号及其权限。

（33）以主备或集群模式运行的信息设备或核心网络设备，未定期开展切换演练及轮换运行工作。

（34）未常态开展漏洞排查和修复工作；未及时落实上级下发的漏洞风险预警单整改工作要求。

（35）信息设备变更用途或下线，未擦除或销毁其中数据。

（36）信息机房电源系统、消防系统、空调系统性能及其他基础配套设施不满足相应等级要求。

（37）通过互联网传输、存储和运行涉及公司信息系统、设备开发的相关文档、代码和测试系统。

（38）巡视时，未经批准擅自改变信息系统或机房动力环境设备的运行状态。

（39）办公计算机未安装或私自卸载、禁用防病毒、桌面管理等安全防护软件。

（40）研发终端未部署终端管理软件、防病毒系统。

第二节　事　故　案　例　分　析

【案例一】××公司 Web 应用安全网关事件库更新引发网上国网用户交费异常。

1. 事故经过

某日 16 时 01 分，××公司网上国网出现用户无法正常交费情况，排查发现微服务 osgbcp0002 未接收到总部下行数据的最新日志记录。国网总部与省公司之间网络连接正常，通过网络抓包分析，存在 TCPRST 重置数据包，在异常处置过程中未发现其他明显报错。当日 23 时 55 分，网上国网 App 交费功能在无处置情况下恢复正常，查看相关系统的操作记录日志，发现 Web 应用安全网关与业务恢复前有管理员操作日志记录。经分析排查，定位到厂商运维人员在异常事件发生前曾对 Web 应用安全网关进行事件库更新操作，未按工作要求对设备安全监控事件日志进行前后对比，没有详细判断事件库规则变化是否会引起误判、误阻断等可能性，从而导致网上国网系统正常访问被 Web 应用安全网关误判为攻击事件进行阻断，系统交费功能因此无法正常使用。

2. 违章分析

本案例暴露出××公司信息作业典型违章。

（1）技术根因分析。Web 应用安全网关事件库更新，更新后 HTTP 中 POST 请求报文数据里包含 TYPE 字段，匹配上 HTTP_漏洞利用_代码执行_SolarWinds-Network-Performance-Monitor 事件规则，导致网上国网访问误判为攻击事件进行丢弃，造成系统交费功能异常。

（2）安全责任意识淡薄。作业人员在未经测试验证和认真逐条比对升级文件、升级功能差异的情况下，对 Web 应用安全网关事件库进行更新，且更新后未进行业务验证，没有执行基本安全技术措施，违反《信息安规》规定。

（3）运维管理不规范。对运维厂家管理不规范，运维作业组织失序，未能严格执行"四个管住"要求，对作业人员管理和安全履责要求执行不严，未能全面落实安全管理技术措施，未能辨识工作中存在的安全隐患及风险。

（4）应急处突能力不足。内部沟通协作及应急处置能力不强，标准化处置管理流程不健全，应急处置预案场景单一，没有相应的应急机制，现场应急处置经验欠缺，无法快速准确定位故障点。

（5）风险预控分析不全面。信息运行风险管控和隐患治理机制不健全，对运维工作分类不清晰、技防手段不足，对存在的问题和风险缺乏研究和应对，安全生产管理体系深化应用效果不佳，风险预判和防范能力不足，风险从任务发起的源头失控。

（6）安全培训工作不深入。对公司《信息安规》、规章制度宣贯培训不到位，管理人员、作业人员对基本的安全工作要求不掌握，员工安全技能素养与岗位需求存在差距。

3. 防止对策

（1）深入剖析事件在管理、运维、技术等方面的深层次问题，举一反三，坚决杜绝类似事件再次发生。

（2）开展网络安全专题学习，认真吸取事件教训，提高全员网络安全意识，严紧压实网络安全责任。

（3）严格落实《国家电网公司安全工作规程（信息部分）》对一、二类系统及承载设备检修工作执行工作票，对三类系统及承载设备检修工作执行任务单，严格执行审批许可手续，加强现场作业源头管控，切实提升运维安全管控水平。

（4）强化网络安全监督，严格防范网络安全事件。

（5）加强网络安全专业能力塑造，着力重点培养懂安全、懂系统、懂业务的复合型人才，全面提升快速故障定位能力。

（6）健全网络安全应急体系和优化处置流程，修编现场应急处置预案，完善应急处置场景，提升现场应急处置的可操作性。做好典型经验总结，做好故障复盘分析，提升特殊场景的应急分析处置能力。

【案例二】××公司私自设置网络穿透服务导致内外网防护体系遭破坏。

1. 事故经过

在某次网络安全实战攻防中，攻击队发现××公司研发人员在本单位研发网内一主机上使用双网卡并私自架设网络穿透服务，将研发网和互联网直连，攻击队可通过该网络通道从互联网进入研发网进而入侵管理信息大区相关系统，公司网络安全"三道防线"中两道被绕过，给管理信息大区网络安全造成严重威胁。实战攻防中，攻击队按照要求对公司互联网 App 安装包开展集中测试，测试中发现某应用的代码中存在互联网地址，攻击队扫描发现其上违规部署了该应用的测试系统。经分析，发现其上运行的 LanProxy 工具存在任意文件读取漏洞，攻击队利用该漏洞控制该 IP 主机；分析 LanProxy 的配置，发现网络穿透服务的对端地址为××公司研发网，且从互联网侧通过该通道可访问原本相对封闭的研发网上百台主机。

2. 违章分析

本案例暴露出××公司终端违章现象。

（1）网络安全意识淡薄。研发人员对网络安全重要性认识不足，风险意识缺乏，无视《国家电网有限公司网络与信息系统安全管理办法》[国网（信息/2）401—2022]等公司规章制度对研发安全的要求，违规在互联网公有云搭建应用，违规使用双网卡，违规安装非必需程序，造成违规外联。

（2）研发网安全防护能力缺失。研发网和管理信息大区之间未按照要求配置访问控制策略，研发网边界缺乏安全监测、阻断等防护措施，研发终端缺乏违规外联监测拦截、病毒查杀、补丁管理等基础措施，且大量服务器采用相同口令，违反《国家电网公司十八项电网重大反事故措施》（国家电网设备〔2018〕979 号）中"信息系统的开发应在专用环境中进行，开发环境应与实际运行环境及办公环境安全隔离。加强开发环境的安全访问控制与安全防护措施，严格控制访问策略与权限管理"等条款要求。

（3）测试系统违规托管。涉事单位将测试系统、源代码等违规托管在互联网公有云上，脱离公司安全防护体系，测试系统代码中明文存储服务器 IP 地址、用户名、口令等敏感信息，未按照研发安全要求在配置文件中进行强加密保护，违反《国家电网有限公司网络与信息系统安全管理办法》[国网（信息/2）401—2022]中"涉及公司系统、设备开发的相关文档、代码和测试系统禁止在互联网传输、存储和运行"等相关条款要求。

3. 防止对策

（1）加强安全责任意识，××公司要对本次事件进行深刻反思，要切实认识到网络安全的极端重要性，按照"四不放过"原则，立即整顿，认真剖析事件在网络安全管理、技防和监测处置分析等方面的深层次问题。要举一反三，组织管辖范围内的各级单位员工开展网络安全培训和宣贯，深入学习《国家电网有限公司网络与信息系统安全管理办法》[国网（信息/2）401—2020]《国家电网有限公司十八项电网重大反事故措施》（国家电网设备〔2018〕979 号）等规章制度，切实压实安全责任。

（2）加强研发仿真环境安全防护，要严格落实研发仿真环境与生产环境之间的访问控制策略要求，严禁存在全通策略、不明策略、管理地址混乱等问题，补强研发边界、终端、应用等技防措施，将网络安全在线监测覆盖研发仿真环境，确保能及时监测处置违规外联、网络攻击等安全事件。

（3）加强网络安全排查整治，要结合安全生产专项三年整治行动"三下三上"加大各类网络安全排查力度，确保违规外联、违规托管等问题见底清零，落实公司信息系统研发安全要求，规范信息系统研发安全措施，避免出现信息系统敏感信息泄露、明文存储等研发问题。

【案例三】××公司违规操作导致系统数据混乱。

1. 事故经过

某日 16 时 06 分，××公司某业务用户向项目中台项目组提出修改 39 条项目信息的需求。16 时 15 分，项目中台项目组使用账号 460×××758（该账号为普通业务用户账号）登录项目中台，利用研发阶段设置的后门程序，执行数据库 SQL 功能批量修改 39 条储备项目数据，因在输入命令时遗漏了项目 ID 条件（用于限定修改范围），导致项目储备表的项目编码字段 157 万条数据被全部修改。17 时 31 分，项目组发现修改失误且已无法自行处置，报告了国网信通公司。国网信通公司检查发现数据库当日数据更新量骤增，远超项目中台正常的业务数据更新量（每日千余条），经分析并联系项目组确认，项目中台在用户界面存在可直接操作数据库的后门程序。18 时 40 分，国网信通公司采取紧急措施，删除后门程序，开展紧急检修，至次日 2 时 22 分，国网信通公司完成全部数据恢复。经核查，数据混乱没有造成其他严重后果。

2. 违章分析

本案例暴露出信息作业的行为性违章。

（1）××公司作为项目中台的研发和实施单位，无视公司项目管理和安全运行相关管理制度，在项目中台业务界面上违规设置直接修改数据库的功能，属于设置信息系统后门行为，安全风险极高。

（2）研发实施单位在上线版本中隐藏了后门程序，所提交的测试版本与上线版本严重不一致，绕过了第三方安全测试，违反信息系统上线管理办法，违反《国家电网有限公司十八项电网重大反事故措施》（国家电网设备〔2018〕979号）规定："研发实施单位在生产环境部署的信息系统版本应与通过第三方安全测试的信息系统版本保持一致，禁止部署其他版本的信息系统。"

（3）研发实施单位为赶进度，不经过审批流程，故意避开信息运维单位监护，在未填写信息工作票的情况下，直接执行数据库 SQL 命令进行数据修改，违反公司《信息安规》第 3.2.2 条款关于应填写信息工作票的规定，属于无票操作，是公司规定的 I 类严重违章行为。

（4）项目中台项目组在无人监护的情况下，使用业务账号登录项目中台修改生产数据，在业务界面输入修改范围时遗漏项目 ID 条件，发生误操作。本次事件暴露出研发实施单位安全生产意识淡薄，违规设置后门程序，故意绕过安全测试，无票作业、无人监护，发生误操作，导致数据混乱，性质极其恶劣。

3. 防止对策

（1）深刻反思，吸取事件教训。××公司要对本次事件进行深刻反思，要切实认识到安全运行的极端重要性，加强事件分析和内部整改，压实安全责任，坚决杜绝此类事件重复发生，严格落实"四不放过"要求，进行严肃处理。

（2）举一反三，压实安全责任。数字化建设研发单位要认真吸取本次事件教训，结合公司安全生产会议精神，开展信息系统研发安全日活动，切实压实安全责任，将信息系统研发、测试、上线、运行安全责任落实到每一位工作人员。

（3）全面排查，保障运行安全。公司各单位要全面排查信息系统后门问题，加强系统运行和应用巡检，结合春检春查开展专项整治，开展上线系统与测试版本一致性检查，发现问题及时处置，并报告国网数字化部。在作业过程中，要严格落实两票、监护制度要求，遵守数据维护流程。

（4）闭环管控，发挥检测作用。软件测试单位要加强测试版本管理，协同运维单位，充分利用研发仿真环境，实现研发、测试、上线发布全流程闭环管控，确保生产环境代码与研发代码一致、运行版本与测试版本一致，避免因版本不一致引发安全风险。

第七章

班 组 安 全 管 理

第一节 班 组 安 全 责 任

（1）贯彻落实"安全第一、预防为主、综合治理"的方针，制定本班组年度安全生产目标及保证措施，布置落实安全生产工作，并予以贯彻实施。

（2）执行各项安全工作规程，开展作业现场危险点预控工作，正确执行"两票"；执行检修规程及工艺要求，确保生产现场的安全，保证生产活动中人员与信息系统的安全。

（3）做好班组管理，做到工作有标准，岗位责任制完善并落实，信息系统台账齐全，记录完整。制订本班组年度安全培训计划，做好新入职人员、变换岗位人员的安全教育培训和考试工作。

（4）开展定期安全检查、隐患排查、安全生产月和专项安全检查等活动，积极参加上级组织的各类安全分析会议、安全大检查活动。

（5）每月定期开展安全生产月度例会，综合分析安全生产形势和管理上存在的薄弱环节，提出防范对策；针对有关安全事故（事件）组织开展分析会，查找事故（事件）原因，制定并落实反事故措施。

（6）组织开展每周（或每个轮值）一次的安全日活动，结合工作实际开展经常性、多样性、行之有效的安全教育活动。

（7）结合安全性评价结果，组织编制班组的年度"两措"计划，经审批后组织实施。

（8）建立有系统、分层次、分工明确、相互协调的事故应急处理体系，并参加上级单位组织的反事故演习。

（9）开展班组现场安全稽查和自查自纠工作，制止人员的违章行为。

（10）定期组织开展对安全工器具及劳动保护用品的检查，对发现的问题及时处理和上报，确保作业人员工器具及防护用品符合国家、行业或地方标准要求。

（11）执行安全生产规章制度和操作规程。开展作业现场反违章自查，正确使用反违章自查卡，明确作业计划，核查人员资质，针对工作票票面和作业现场要点进行自查，确保现场作业安全合规开展。

（12）加强信息系统建设运行管理，组织开展信息系统的架构管控、项目验收、巡视检查和维护检修，保证设备安全运行。定期开展信息系统运行评价、分析，提出更新改造方案和计划。

（13）执行电力安全事故（事件）报告制度，及时汇报安全事故（事件），保证汇报内容准确、完整，做好事故现场保护，配合开展事故调查工作。

（14）开展技术革新、合理化建议等活动，参加安全劳动竞赛和技术比武，促进安全生产。

第二节　班组安全管理日常实务

各基层班组应加强班组安全管理，切实把安全生产责任制、安全生产标准化管理、安全教育培训等工作落实到班组，引导班组员工牢固树立安全生产发展观，将安全生产各项要求落在实处，具体日常实务如下。

一、班组安全活动

（一）班组安全活动角色分配

（1）每个活动单元按照主持人、记录员、评论员进行分工，除评论员外，其余人员均可兼任。每次活动根据实际情况选择是否设置评论员。

（2）主持人一般由班组长担任，负责活动策划准备、主持讨论，督促全员发言，控制活动进程。记录员一般由班组安全员担任，负责对班组安全活动记录进行整理归档。

（3）评论员一般由班组上一级管理人员担任，负责对活动流程、活动效果进行点评。当活动现场无上一级管理人员时，班组可将现场录像发给上一级管理人员，由上一级管理人员进行点评。

（二）班组安全活动步骤

班组安全活动的具体步骤:策划准备→活动发起→风险辨识→制定对策→

强化记忆。

1. 策划准备

（1）主持人提前根据近期主要工作任务、安全学习文件、班组安全管理问题等确定活动主题。班组成员提前学习活动主题相关资料，掌握各项危险因素和预控措施。

（2）提前确定活动场地，划分活动角色，并做好材料、器具等各项准备。

（3）活动发起前，班组长组织全体成员共同学习上级安全文件、安全事故通报等，传达上级会议指示精神，对其中的关键知识进行普及、强化，集中学习所涉及的安全规程、安全规章制度，并签字留痕。

2. 活动发起

（1）班组成员全员有序列队。

（2）整理着装，检查衣着是否符合规范，是否穿戴整齐。

（3）班组成员依次报数。

（4）关注班组成员身体状况和精神状态是否出现异常迹象。

3. 风险辨识

（1）确认风险辨识对象。

（2）班组成员以"因为……所以可能……，危险!"句式进行手指口述，提出危险因素，记录员记录。

（3）主持人进行补充完善。

（4）记录员对危险因素依次进行编号，主持人组织所有班组成员对危险因素进行举手表决，确定关键危险因素。

4. 制定对策

（1）班组成员依次对前面确定的关键危险因素提出预控措施。

（2）记录员将每个班组成员提出的预控措施记录在看板上并编号。

（3）主持人进行补充完善。

（4）相互进行补充和举手表决确定最有效预控措施。

（5）手指看板或图片中危险因素的地方复述最有效预控措施。

5. 强化记忆

（1）主持人总结出当天的行动目标。

（2）全员站立，采用统一手指展板上行动目标或围成圈（手叠手、手拉手）大声喊行动目标三遍。

（三）班组安全活动其他要求

（1）班组安全活动每周开展一次，根据上级文件要求和本单位实际应增开安全活动。活动五个环节时间为 15～30min（不包含集中学习、讨论环节时间）。

（2）班组安全活动全体成员参加。因故不能参加者，应在回班组后一周内补课并做好记录。

（3）班组安全活动可使用手持终端、看板、大屏展示作为活动载体，以提高活动效率、增强活动效果。

（4）班组安全活动通过录像形式记录并由班组保存，保存时间为一年。

二、工作票管理

（1）班组每月一次对工作票进行分析、评价和考核，并加盖"合格"或"不合格"章，对不合格的工作票要注明原因。每月公布工作票的检查、考核情况。

（2）班组成员需参加单位组织的工作票相关培训和考核。

三、安全教育培训

1. 班组要落实上级安全教育培训有关制度和要求

（1）组织开展安全教育培训和考试。

（2）建立健全个人安全教育培训档案，如实记录安全教育培训时间、内容、参加人员及考试考核结果等。

2. 班组长、安全员、技术员每年接受安全教育培训

（1）安全生产法规规章、制度标准、操作规程。

（2）安全防护用品、作业机具、工器具使用与管理。

（3）作业场所和工作岗位存在的危险因素、防范措施以及事故应急措施。

（4）作业标准化安全管控相关知识。

（5）工作票（作业票）、操作票管理要求及填写规范。

（6）安全隐患排查治理、违章查纠等相关知识。

（7）现场应急处置方案相关要求。

（8）有关的典型事故案例。

（9）其他需要培训的内容。

3. 在岗生产人员每年接受安全教育培训

（1）安全生产规章制度和岗位安全规程。

（2）新工艺、新技术、新材料、新设备安全技术特性及安全防护措施。

（3）安全设备设施、安全工器具、个人防护用品的使用和维护。

（4）作业场所和工作岗位存在的危险因素、防范措施以及事故应急措施。

（5）典型违章、安全隐患排查治理、事故案例。

（6）职业健康危害与防治。

（7）其他需要培训的内容。

4. 新上岗（转岗）人员应根据工作性质对其进行岗前安全教育培训，保证其具备岗位安全操作、紧急救护、应急处理等知识和技能

（1）安全生产规章制度和岗位安全规程。

（2）所从事工种可能遭受的职业伤害和伤亡事故。

（3）所从事工种的安全职责、操作技能及强制性标准。

（4）工作环境、作业场所和工作岗位存在的危险因素、防范措施以及事故应急措施。

（5）自救互救、急救方法、疏散和现场紧急情况处理。

（6）安全设备设施、安全工器具、个人防护用品的使用和维护。

（7）典型违章、有关事故案例。

（8）安全文明生产知识。

（9）其他需要培训的内容。

5. 工作票（作业票）签发人、工作许可人、工作负责人（专责监护人）、倒闸操作人、操作监护人等每年应进行专项培训，并经考试合格、书面公布

（1）安全工作规程、现场运行规程和调度、监控运行规程等。

（2）工作票（作业票）、操作票管理要求及填写规范。

（3）作业场所和工作岗位存在的危险因素、防范措施以及事故应急措施。

（4）作业标准化安全管控相关知识。

（5）典型违章、安全隐患排查治理、违章查纠等相关知识。

（6）其他需要培训的内容。

6. 特种作业人员

特种作业人员必须按照国家规定的培训大纲，接受与本工种相适应的、专门的安全技术培训，经考核合格取得特种作业操作证，并经单位书面批准方可参加相应的作业。离开特种作业岗位 6 个月的作业人员，应重新进行实际操作考试，经确认合格后方可上岗作业。

四、安全生产责任制

（1）行政正职是本单位的安全第一责任人，对本单位安全工作和安全目标负全面责任。行政副职对分管工作范围内的安全工作负领导责任，向行政正职负责。实行下级对上级的安全逐级负责制。

（2）安全生产目标自上而下逐级分解，组织制定实现年度安全目标计划的具体措施，层层落实安全责任，确保安全目标的实现。

（3）班组及岗位安全责任清单应进行长期公示；将安全责任清单的学习纳入安全教育培训计划；每名员工应掌握本岗位安全责任清单，熟悉所在组织的安全责任清单；班组长、管理人员还应了解所在组织各岗位和下级组织的安全责任清单；安全责任清单内容应纳入安全考试范畴；班组及各岗位应对照安全责任清单，逐条落实安全职责和履责要求，做到安全工作与业务工作同时计划、同时布置、同时检查、同时总结、同时考核。

五、安全工器具管理

班组应根据工作实际，提出安全工器具添置、更新需求；建立安全工器具管理台账，做到账、卡、物相符，试验报告、检查记录齐全；组织开展班组安全工器具培训，严格执行操作规定，正确使用安全工器具，严禁使用不合格或超试验周期的安全工器具；安排专人做好班组安全工器具日常维护、保养及定期送检工作。

六、"两措"管理

"两措"计划下达后，班组根据"两措"计划内容，组织制订和实施本班组年度"两措"计划，每月开展一次检查，将完成情况报主管部门。

七、隐患管理

班组要结合设备运维、监测、试验或检修、施工等日常工作排查安全隐患。

根据上级安排开展专项安全隐患排查和治理工作；负责职责范围内安全隐患的上报、管控和治理工作。

八、季节性安全检查

（1）由班组长组织进行，安全员应积极协助，发动全体班组成员，开展自查活动。

（2）对于上级制定的检查重点和检查项目（表），班组可根据实际情况补充相应的重点内容，再进行自查、整改、总结并报上级部门。

（3）安全检查时应做好记录，保留现场证据，并及时跟踪整改完成情况；对暂时无法解决的问题或事故隐患应落实防范控制措施。

九、反违章管理

（1）班组长及管理人员应带头遵守安全生产规章制度，积极参与反违章，按照"谁主管、谁负责"原则，组织开展分管范围内的反违章工作，督促落实反违章工作要求。

（2）班组应严格落实反违章工作要求，防范并严肃查处各类违章。

（3）充分调动基层班组和一线员工的积极性、主动性，紧密结合生产实际，鼓励员工自主发现违章，自觉纠正违章，相互监督整改违章。